U0376501

高等学校规划教材

建 筑 概 论

（第三版）

崔艳秋　姜丽荣　吕树俭等编著

中国建筑工业出版社

图书在版编目（CIP）数据

建筑概论/崔艳秋编著．—3版．—北京：中国建筑工业出版社，2015.11（2024.11重印）
高等学校规划教材
ISBN 978-7-112-19502-2

Ⅰ．①建…　Ⅱ．①崔…　Ⅲ．①建筑学-高等学校-教材　Ⅳ．①TU

中国版本图书馆 CIP 数据核字（2016）第 124201 号

本书为非工民建专业教学用书。全书共分八章，包括：房屋建筑识图，民用建筑设计，民用建筑构造，工业建筑设计，单层厂房构造，高层建筑简介，工业化建筑简介，节能建筑概述等内容。

本书适用于高等院校土木类非工民建专业学生使用。

为更好地支持相应课程的教学，我们向采用本书作为教材的教师提供教学课件，有需要者可与出版社联系，邮箱：jckj@cabp.com.cn，电话：01058337285，建工书院 http://edu.cabplink.com。

责任编辑：朱首明　杨　虹
责任校对：李欣慰　李美娜

高等学校规划教材
建　筑　概　论
（第三版）
崔艳秋　姜丽荣　吕树俭等编著

＊

中国建筑工业出版社出版、发行（北京西郊百万庄）
各地新华书店、建筑书店经销
霸州市顺浩图文科技发展有限公司制版
建工社（河北）印刷有限公司印刷

＊

开本：787×1092毫米　1/16　印张：13¼　插页：2　字数：320千字
2016年5月第三版　　2024年11月第四十七次印刷
定价：**40.00**元（赠教师课件）
ISBN 978-7-112-19502-2
（27930）

第三版前言

　　建筑概论是建筑类给水排水工程、采暖通风工程、燃气工程、建筑机械工程、建筑信息与电气工程等相关专业用于学习建筑设计的基本原理和基本方法的一门基础课，它是一门综合性和实践性很强的课程。随着我国社会、经济和城市化进程的快速发展，尤其是建筑业的新体系、新技术、新材料、新工艺的日趋成熟，作者充分认识到急需对本书进行第三版的修订再版工作，适时跟上科学技术的发展要求。

　　在本次的再版修订工作中，作者对原有教材体系未做大的改动，重点是依据现行规范、标准更新了相关旧有内容，更换并充实了一些新材料、新构造插图；其次为强化培养学生将绿色、可持续发展意识深入到建筑设计环节，修订中进一步补充丰富了"建筑工程设计案例的阐述和剖析"，从而为学生充分展示从建筑设计之初即将节能设计的理论和手法贯穿其中，并启发学生在掌握了基本理论方法之后可以触类旁通、灵活运用。总之，使本次修订后的教材在内容上充分体现完整性、科学性与先进性。

　　全书内容共分为八章。第一章房屋建筑识图；第二章民用建筑设计；第三章民用建筑构造；第四章工业建筑设计；第五章单层厂房构造；第六章高层建筑简介；第七章工业化建筑简介；第八章节能建筑概述；附录一为某集体宿舍楼施工图；附录二节能建筑工程实例。由于工作变动等原因，部分原作者未参加第三版的修订工作。各部分的修订执笔人是：绪论、第二、七、八章为山东建筑大学的崔艳秋、何文晶；第三章为山东大学的姜丽荣、山东建筑大学的吕树俭；第一、四章为山东建筑大学的郑红、杨倩苗；第五、六章为山东建筑大学的纪伟东、房涛。附录一、二为山东建筑大学的李舒杨、郑海超；全书由崔艳秋教授统稿。

　　本书在修订编写过程中承蒙天津大学、东南大学、同济大学、西安建筑科技大学、重庆大学等校教师的大力支持，还有山东省建筑设计研究院、济南市同圆设计研究院的专家、工程师在提供资料和绘制部分插图等方面给予了热情帮助，在此一并表示感谢。

　　限于编者水平，加之时间较紧，书中不合宜之处，恳请读者批评指正。

第二版前言

本书问世以来，已经历了 10 个春秋。作为几十所高校十多个专业的教材，深受广大读者欢迎，取得了较好成绩。随着改革开放的逐步深入，建筑科学技术又有了很大的进步，建筑业的新体系、新技术、新材料日趋成熟，为适应学科的发展，结合近几年教学改革的阶段性成果，依据国家颁布的最新规范、技术标准，完成本书的再版修订工作，具有十分重要的意义。

本书的再版修订工作，在整体上未作大的变动，重点是在内容的更新和插图的调整充实上，特别应读者要求，适时地跟上科学技术的发展，广泛吸收了国内外先进的科学技术成果，新增设了第八章节能建筑知识及附录二的节能建筑工程实例，使修订后的教材在内容上充分体现完整性、科学性与先进性。

本书内容共分八章。其中：第一章房屋建筑识图；第二章民用建筑设计；第三章民用建筑构造；第四章工业建筑设计；第五章单层厂房构造；第六章高层建筑简介；第七章工业化建筑简介；第八章节能建筑。此外，为强化对学生综合应用能力和创新能力的培养，书后还编有附录部分：附录一为某集体宿舍楼施工图；附录二节能建筑工程实例。

本书适用于给水排水工程、采暖通风工程、燃气工程、建筑机械工程、建筑管理工程、建筑电气工程、建筑会计、水利水电工程、公路与城市道路工程、市政工程、房地产经营与管理、工程造价等专业的教学，同时可作为相应专业学习班教材及非工民建专业的土木类大、中专学生、工程技术人员、建筑企业管理人员的学习参考书。

由于工作变动等原因，一部分原作者未能参加第二版的修订编写工作。绪论至第四章由姜丽荣副教授校审；第五章至附录由吕树俭副教授校审；全书由崔艳秋教授统稿。各部分的修订执笔人是：绪论、第二、七、八章为山东建筑工程学院的崔艳秋、薛一冰；第三章为山东大学的姜丽荣、山东建筑工程学院的吕树俭；第一、四章为山东建筑工程学院的岳勇、郑红；第五、六章为山东建筑工程学院的纪伟东、苗纪奎。另外，赵岱峰、王本娟、何书峰、薛小川等参加了本书的插图绘制工作。

本书在修订编写过程中承蒙清华大学、天津大学、同济大学、东南大学、西安建筑科技大学、重庆大学等校教师的大力支持，还有山东省建筑设计院、济南市建筑设计院的许多同志在提供资料和绘制部分插图等方面给予了热情帮助，在此一并表示感谢。

限于编者水平，加之时间较紧，书中不妥之处，恳请读者批评指正。

第一版前言

本书是经过多所院校专业教师的多次讨论，并结合当前教学要求、课程时数的大致情况而编写的。本书内容全部采用现行国家标准和规范，并兼顾我国南北方地区的不同特点，内容精选，叙述简练，力求反映新技术、新材料、新构造。

本书适用于给水排水工程、采暖通风工程、燃气工程、建筑机械工程、建筑管理工程、建筑电气工程、建筑会计、水利水电工程、公路与城市道路工程、市政工程、房地产经营与管理等土木类专业的教学，同时可作为相应专业学习班教材及非工民建专业的土木类大、中专学生、工程技术人员、建筑企业管理人员的学习参考书。

本书内容共分七章。其中以第一章房屋建筑识图、第二章民用建筑设计、第三章民用建筑构造、第五章工业建筑构造为主要内容，在编写中尽量减少过多的叙述，力求简而精，并附有大量的插图，以帮助读者理解书中的内容。

本书由山东工业大学姜丽荣同志、山东建筑工程学院崔艳秋、柳锋同志主编，山东工业大学傅志前同志、山东建筑工程学院侯书军同志任副主编，张本松同志担任了本书的主审工作。

本书在编写过程中曾得到天津大学、同济大学、东南大学、西安建筑科技大学、重庆建筑大学等校教师的大力支持，还有不少同志在提供资料和绘制部分插图等方面给予了热情帮助，在此一并表示感谢。

由于经验不足，能力所限，调研不够，书中缺点错误在所难免，希望广大读者提出批评和指正。

目　　录

绪　　论

建筑是人们为满足生活、生产或其他活动的需要而创造的物质的、有组织的空间环境。从广义上讲，建筑既表示建筑工程或土木工程的营建活动，又表示这种活动的成果。有时建筑也泛指某种抽象的概念，如隋唐建筑、现代建筑、哥特式建筑等。一般情况下，建筑仅指营建活动的成果，即建筑物和构筑物。建筑物是供人们进行生活、生产或其他活动的房屋或场所，如住宅、厂房、商场等。构筑物是为某种工程目的而建造的、人们一般不直接在其内部进行生活和生产活动的建筑，如桥梁、烟囱、水塔等。

一、建筑的产生和党的建筑方针

建造房屋是人类最早的生产活动之一，早在原始社会，人们用树枝、石块构筑巢穴，躲避风雨和野兽的侵袭，开始了最原始的建筑活动。图 0-1 为西安半坡村遗址平面及复原想象剖面。

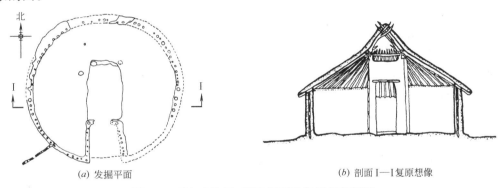

(a) 发掘平面　　　　　　　　　　　(b) 剖面 I—I 复原想像

图 0-1　西安半坡 F_{22} 遗址平面及复原想象剖面

随着生产力的发展，社会的进步，房屋早已超出了一般居住的范围，建筑类型日益丰富，建筑的造型也发生了巨大的变化，形成了不同历史时代，不同地区，不同民族的建筑。

我国经过 50 余年大规模的经济建设，取得了辉煌成就。建国初期，党曾提出以"适用、经济，在可能条件下注意美观"作为我国的建筑方针。1986 年建设部总结了以往建设的实践经验，结合我国实际情况，制定了新的建筑技术政策，明确指出建筑业的主要任务是"全面贯彻适用、安全、经济、美观"的方针。在该政策文件中归纳有如下的论述：

——适用是指恰当地确定建筑面积，合理的布局，必需的技术设备，良好的设施以及保温、隔热、隔声的环境。

——安全是指结构的安全度，建筑物耐火及防火设计，建筑物的耐久年限等。

——经济主要是指经济效益，它包括节约建筑造价、降低能源消耗、缩短建设周期、降低运行、维修和管理费用。既要注意建筑物本身的经济效益，又要注意建筑物的社会和环境综合效益。

——美观是在适用、安全、经济的前提下，把建筑美和环境美列为设计的重要内容。

搞好室内外环境设计，为人民创造良好的工作和生活条件。政策中并提出了对待不同建筑物，不同环境有不同的美观要求。总之，应区别不同的建筑，处理好适用、安全、经济和美观的关系。

二、建筑的分类

（一）按建筑的使用性质分

1. 民用建筑——非生产性建筑，如住宅、学校、商业建筑等。

2. 工业建筑——工业生产性建筑，如主要生产厂房、辅助生产厂房等。

3. 农业建筑——指农副业生产建筑，如粮仓、畜禽饲养场等。

（二）按主要承重结构材料分

1. 砖木结构建筑：如砖（石）砌墙体、木楼板、木屋盖的建筑。

2. 砖混结构建筑：用砖墙、钢筋混凝土楼板层、钢（木）屋架或钢筋混凝土屋面板建造的建筑。

3. 钢筋混凝土结构建筑：建筑物的主要承重构件全部采用钢筋混凝土。如装配式大板、大模板、滑模等工业化方法建造的建筑，钢筋混凝土的高层、大跨、大空间结构的建筑。

4. 钢-钢筋混凝土结构建筑：如钢筋混凝土梁、柱，钢屋架组成的骨架结构厂房。

5. 钢结构建筑：如全部用钢柱、钢屋架建造的厂房。

6. 其他结构建筑：如生土建筑、塑料建筑、充气塑料建筑等。

（三）按层数分

1. 低层建筑

指1～2层的建筑（住宅为1～3层）。

2. 多层建筑

一般指3～6层的建筑（住宅4～6层为多层，7～9层为中高层）

3. 高层建筑

指超过一定高度和层数的多层建筑。公共建筑及综合性建筑总高度超过24m者为高层，住宅10层以上为高层。

4. 超高层建筑

指建筑总高度超过100m的高层建筑。

三、建筑的分级

不同建筑的质量要求各异，为了便于控制和掌握，常按建筑物的使用年限和耐火程度分级。

（一）建筑物的耐久等级

建筑物的耐久年限主要是根据建筑物的重要性和建筑物的质量标准而定，是作为建设投资、建筑设计和选用材料的重要依据（表0-1）。

设计使用年限分类 表0-1

类别	设计使用年限（年）	示　　例
1	5	临时性建筑
2	25	易于替换结构构件的建筑
3	50	普通建筑和构筑物
4	100	纪念性建筑和特别重要的建筑

注：引自《民用建筑设计通则》（GB 50352—2005）。

(二) 建筑物的耐火等级

建筑物的耐火等级是根据建筑物主要构件的燃烧性能和耐火极限确定的，共分四级。民用建筑各级所用构件的燃烧性能和耐火极限不应低于表 0-2 的规定。

建筑物构件的燃烧性能和耐火极限 (h)   表 0-2

构件名称		耐火等级			
		一级	二级	三级	四级
墙	防火墙	不燃烧体 3.00	不燃烧体 3.00	不燃烧体 3.00	不燃烧体 3.00
	承重墙	不燃烧体 3.00	不燃烧体 2.50	不燃烧体 2.00	难燃烧体 0.50
	非承重外墙	不燃烧体 1.00	不燃烧体 1.00	不燃烧体 0.50	燃烧体
	楼梯间的墙 电梯井的墙 住宅单元之间的墙 住宅分户墙	不燃烧体 2.00	不燃烧体 2.00	不燃烧体 1.50	难燃烧体 0.50
	疏散走道两侧的墙	不燃烧体 1.00	不燃烧体 1.00	不燃烧体 0.50	难燃烧体 0.25
	房间隔墙	不燃烧体 0.75	不燃烧体 0.50	难燃烧体 0.50	难燃烧体 0.25
柱		不燃烧体 3.00	不燃烧体 2.50	不燃烧体 2.00	难燃烧体 0.50
梁		不燃烧体 2.00	不燃烧体 1.50	不燃烧体 1.00	难燃烧体 0.50
楼板		不燃烧体 1.50	不燃烧体 1.00	不燃烧体 0.50	燃烧体
屋顶承重构件		不燃烧体 1.50	不燃烧体 1.00	燃烧体	燃烧体
疏散楼梯		不燃烧体 1.50	难燃烧体 1.00	难燃烧体 0.50	燃烧体

耐火等级的选择主要应由建筑物的重要性和其在使用中的火灾危险来确定。一般要求重要的民用建筑采用一、二级耐火等级；居住建筑、商店、学校、食堂、菜市场可采用一、二、三级耐火等级，如不超过 2 层，占地面积不超过 600m² 时，也可采用四级耐火等级。

第一章　房屋建筑识图

第一节　房屋建筑识图的一般知识

房屋是供人们生活、生产、工作、学习和娱乐的场所，与人们关系密切。

将一幢拟建房屋的内外形状和大小，以及各部分的结构、构造、装饰、设备等内容，按照有关规范规定，用正投影方法，详细准确地画出的图样，称为"房屋建筑图"。它是用以指导施工的一套图纸，所以又称为施工图。

一、房屋的组成及作用

各种不同的建筑物，尽管它们在使用要求、空间组合、外形处理、结构形式、构造方式及规模大小等各有其特点，但构成建筑物的主要部分都是由基础、墙或柱、楼地层、屋顶、楼梯、门窗等六大部分组成。此外，一般建筑物还有台阶、坡道、阳台、雨篷、散水以及其他各种配件和装饰部分等。图 1-1 所示为一幢学生宿舍的房屋组成。

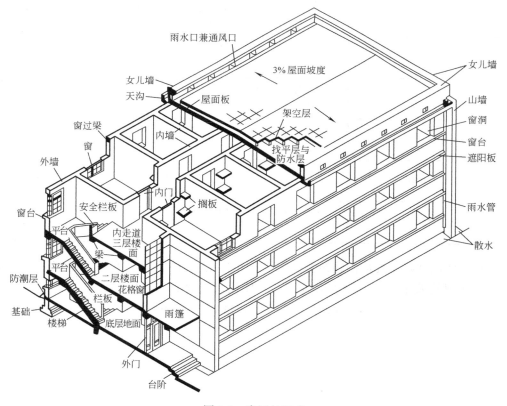

图 1-1　房屋的组成

基础是房屋最下面的部分,埋在自然地面以下。它承受房屋的全部荷载,并把这些荷载传给下面的土层——地基。

墙或柱是房屋的垂直承重构件,它承受楼地层和屋顶传给它的荷载,并把这些荷载传给基础。墙不仅是一个承重构件,它同时也是房屋的围护结构。

楼地层是房屋的水平承重和分隔构件,包括楼板层和首层地面两部分。楼板层把建筑空间在垂直方向划分为若干层,将其所承受的荷载传给墙或柱。楼板支承在墙上,对墙也有水平支撑作用。首层地面直接承受各种使用荷载,并把荷载传给它下面的土层——地基。

楼梯是楼房建筑中联系上下各层的垂直交通设施。在平时供人们上下楼层;在处于火灾、地震等事故状态时,供人们紧急疏散。

屋顶是房屋顶部的承重和围护部分,屋面的作用一是阻隔雨水、风雪对室内的影响,并将雨水排除;二是防止冬季室内热量散失,夏季太阳辐射热进入室内。承重结构则承受屋顶的全部荷载,并把这些荷载传给墙或柱。

门和窗均属围护构件。门的主要功能是交通出入、分隔和联系内部与外部或室内空间,有的兼起通风和采光作用。窗的主要功能是采光和通风,同时也能起到美化立面的效果。

二、施工图的内容和用途

一套完整的施工图,根据其专业内容或作用不同,一般分为:

(一)图纸目录

包括每张图纸的名称、内容、图号等,表示该工程由哪几个专业的图纸所组成,以便查找。

(二)设计总说明

内容一般应包括:施工图的设计依据;本工程项目的设计规模和建筑面积;本项目的相对标高与总图绝对标高的对应关系;室内、室外的用料说明,如砖、砂浆的强度等级;墙身防潮层、屋面、室内外装修等的构造做法;采用新技术、新材料或有特殊要求的做法说明;门窗表。以上各项内容,对于简单的工程,也可分别在各专业图纸上写成文字说明。

(三)建筑施工图

包括总平面图、平面图、立面图、剖面图和构造详图等,表示建筑物的内部布置情况,外部形状,以及装修、构造、施工要求等。

(四)结构施工图

包括结构平面布置图和各构件的结构详图等,表示承重结构的布置情况,构件类型,尺寸大小及构造做法等。

(五)设备施工图

包括给水排水、采暖通风、电气等设备的平面布置图、系统图和详图。表示上、下水及散热器管道管线布置,卫生设备及通风设备等的布置,电气线路的走向和安装要求等。

三、施工图中常用的符号

为了保证制图质量、提高效率、表达统一和便于识读,我国制订了国家标准《房屋建筑制图统一标准》(GB/T 50001—2010)、《总图制图标准》(GB/T 50103—2010)、《建筑制图标准》（GB/T 50104—2010）等，这里选择几项主要的规定和常用的表示方法分述如下：

（一）比例

图样的比例为图形与实物相对应的线性尺寸之比。比例的大小，是指其比值的大小，如 1∶50 大于 1∶100。比例应以阿拉伯数字表示，如 1∶1、1∶2、1∶100 等。

建筑物是庞大复杂的形体，房屋施工图一般都采用缩小的比例尺绘制。但房屋内部各部分构造情况，在小比例的平、立、剖面图中又不可能表示得很清楚，因此对局部节点就要用较大比例将其内部构造详细绘制出来。房屋施工图的比例通常可按表 1-1 选用。选用比例的原则是在保证图样能清晰表达其内容的情况下，尽量使用较小比例，以节省绘图时间。

房屋施工图的常用比例 表 1-1

图　　　名	常　用　比　例
总平面图	1∶500,1∶1000,1∶2000
平面图、立面图、剖面图	1∶50,1∶100,1∶150,1∶200,1∶300
详图	1∶1,1∶2,1∶5,1∶10,1∶15,1∶20,1∶25,1∶30,1∶50

（二）索引与详图符号

1. 索引符号

图中的某一局部或构件，如需另见详图，应以索引符号索引，索引符号是由直径为 8mm～10mm 的圆和水平直径组成，圆及水平直径应以细实线绘制。索引符号应按下列规定编写：

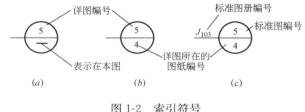

图 1-2　索引符号

（1）索引出的详图，如与被索引的图样同在一张图纸内，应在索引符号的上半圆中用阿拉伯数字注明该详图的编号，并在下半圆中间画一段水平细实线［图 1-2（a）］。

（2）索引出的详图，如与被索引的图样不在同一张图纸内，应在索引符号的上半圆中用阿拉伯数字注明该详图编号，在索引符号的下半圆中用阿拉伯数字注明该图所在图纸的编号。数字较多时，可加文字标注。［图 1-2（b）］。

（3）索引出的详图，如采用标准图，应在索引符号水平直径的延长线上加注图册的编号［图 1-2（c）］。需要标注比例时，文字在索引符号右侧或延长线下方，与符号下对齐。

索引符号如用于索引剖面详图，应在被剖切的部位绘制剖切位置线，并应以引出线引出索引符号，引出线所在的一侧应为剖视方向，如图 1-3 中，（a）为向右剖视，（b）为向

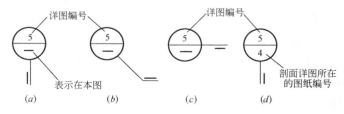

图 1-3　用于索引剖面详图的索引符号

下剖视，（c）为向上剖视，（d）为向左剖视。索引符号编写的规定同前。

零件、钢筋、杆件、设备等的编号，应以直径为 5～6mm 的细实线圆表示，其编号用阿拉伯数字按顺序编写（图 1-4）。

2. 详图符号

详图的位置和编号应以详图符号表示，详图符号应以粗实线绘制，直径应为 14mm。详图应按下列规定编号：

（1）详图与被索引的图样在同一张图纸内时，应在详图符号内用阿拉伯数字注明详图的编号 [图 1-5（a）]。

（2）详图与被索引的图样，如不在同一张图纸内，可用细实线在详图符号内画一水平直径，在上半圆中注明详图编号，在下半圆中注明被索引图纸的编号 [图 1-5（b）]。

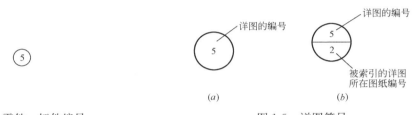

图 1-4　零件、杆件编号　　　　　　　　　　　　图 1-5　详图符号

（三）定位轴线

在施工图中通常将房屋的基础、墙、柱、墩和屋架等承重构件的轴线画出，并进行编号，以便于施工时定位放线和查阅图纸，这些轴线称为定位轴线。

定位轴线采用细单点长画线表示。轴线编号的圆圈用细实线，直径为 8～10mm，如图 1-6 所示，在圆圈内写上编号。在平面图上水平方向的编号采用阿拉伯数字，从左向右依次编写。垂直方向的编号，用大写拉丁字母自下而上顺次编写，其中拉丁字母中 I、O 及 Z 三个字母不得作轴线编号，以免与数字 1、0 及 2 混淆。在较简单或对称的房屋中，平面图的轴线编号，一般标注在图形的下方及左侧。较复杂或不对称的房屋，图形上方和右侧也可标注。

对于一些与主要承重构件相联系的次要构件，它的定位轴线一般作为附加轴线，编号可用分数表示。分母表示前一轴线的编号，分子表示附加轴线的编号，用阿拉伯数字顺序编写（如图 1-6）。当 1 号轴线或 A 号轴线之前需加设附加轴线时，应以分母 01、0A 分别表示。

当为圆形平面时，其轴线编注方法如图 1-7 所示。

当为折线形平面时，其轴线编注方法如图 1-8 所示。

（四）标高

在总平面图、平面图、立面图和剖面图上，经常用标高符号表示某一部位的高度。各图上所用标高符号应按图 1-9 所示以细实线绘制。标高数值以米为单位，一般注至小数点后三位数（总平面图中为二位数）。在"建施"图中的标高数字表示其完成面的数值。如标高数字前有"一"号的，表示该处完成面低于零点标高。如数字前没有符号的，则表示高于零点标高。如同一位置表示几个不同标高时，可按图 1-9（d）的形式注写。

标高有绝对标高和相对标高两种。

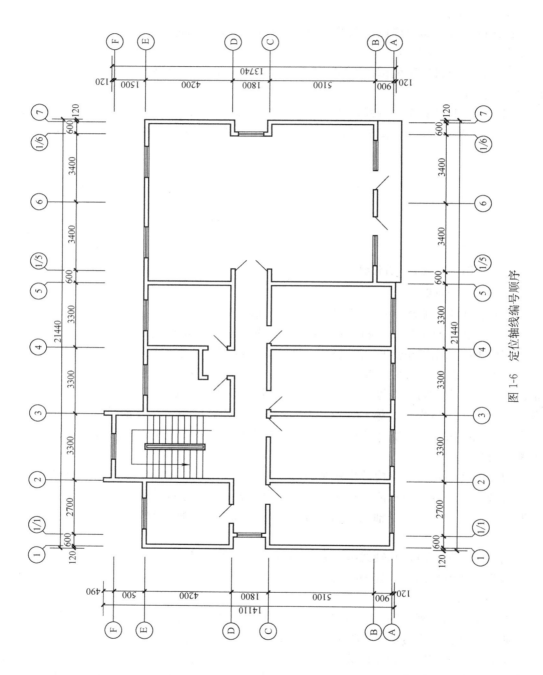

图 1-6　定位轴线编号顺序

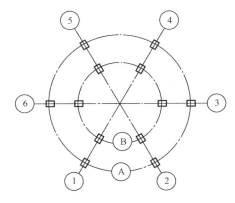

图 1-7　圆形平面定位轴线

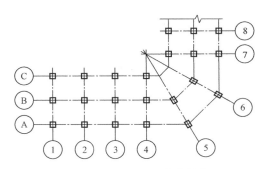

图 1-8　折线形平面定位轴线

绝对标高：我国把青岛黄海的平均海平面定为绝对标高的零点，其他各地标高都以它作为基准，在总平面图中的室外整平地面标高中常采用绝对标高［图 1-9（a）］。

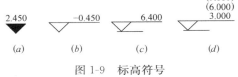

图 1-9　标高符号

相对标高：除总平面图外，一般都采用相对标高，即把底层室内主要地坪标高定为相对标高的零点，注写成±0.000，并在建筑工程的总说明中说明相对标高和绝对标高的关系。再由当地附近的水准点（绝对标高）来测定拟建工程的底层地面标高。

（五）尺寸线

施工图中均应注明详细的尺寸。尺寸注法由尺寸界线、尺寸线、尺寸起止符号和尺寸数字所组成（图 1-10）。根据《标准》规定，除标高及总平面图上的尺寸以米为单位外，其余一律以毫米为单位。为使图面清晰，尺寸数字后一般不注写单位。

在图形外面的尺寸界线是用细实线画出的，一般应与被注长度垂直，但在图形里面的尺寸界线以图形的轮廓线中线来代替。尺寸线必须以细实线画出，而不能用其他线代替，应与被注长度平行。尺寸起止符号一般用中粗斜短线表示，其倾斜方向应与尺寸界线成顺时针45°角，长度宜为 2～3mm。尺寸数字应标注在水平尺寸线上方（垂直尺寸线的左方）中部。

（六）指北针与对称符号

指北针（图 1-11）用细实线绘制，圆的直径宜为 24mm，指针头部应注"北"或"N"字，指针尾部宽度宜为 3mm。需用较大直径绘制指北针时，指针尾部宽度宜为直径的 1/8。

对称符号由对称线和两端的两对平行线组成。对称线用细单点长画线绘制；平行线用细实线绘制，其长度宜为 6～10mm，间距宜为 2～3mm，平行线在对称线两侧长度应相等（图 1-12）。

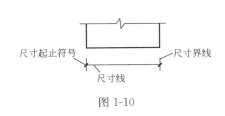

图 1-10

图 1-11　指北针

图 1-12　对称符号

（七）常用图例

表 1-2 为总平面图例。

总平面图例   表 1-2

名　　称	图　　例	名　　称	图　　例
新设计建筑物		新设计的道路	
原有的建筑物			
计划扩建的预留地或建筑物		原有的道路	
拆除的建筑物		计划的道路	
地下建筑物或构筑物		人行道	
建筑物下面的通道		围墙	
散状材料露天堆场		台阶	
其他材料露天堆场或作业场		冷却塔	
铺砌场地		贮罐式水塔	
敞棚或敞廊		烟囱	
露天桥式吊车		绿化	

表 1-3 为建筑材料图例。

建筑材料图例   表 1-3

名　　称	图　　例	名　　称	图　　例
自然土壤		石材	
夯实土壤		毛石	
砂、灰土		普通砖	
砂砾石、碎砖三合土		耐火砖	

名 称	图 例	名 称	图 例
空心砖		胶合板	
饰面砖		石膏板	
焦渣、矿渣		金属	
混凝土		网状材料	
钢筋混凝土		玻璃	
多孔材料		橡胶	
纤维材料		塑料	
泡沫塑料材料		防水材料	
木材		粉刷	

表 1-4 为建筑配件图例。

建筑配件图例   表 1-4

名 称	图 例	名 称	图 例
空洞门		单层推拉窗	
单扇平开或 单向弹簧门		双层推拉窗	
单扇平开或 双向弹簧门		百叶窗	

名　称	图　例	名　称	图　例
双层单扇平开门		上悬窗	
单面开启双扇门（包括平开或单面弹簧）		中悬窗	
双面开启双扇门（包括双面平开或双面弹簧）		下悬窗	
双层双扇平开门		中悬窗	
折叠门		下悬窗	
推拉折叠门		高窗	
单层外开平开窗		墙上预留洞、槽	宽×高或φ 标高 宽×高或φ×深 标高

名　　称	图　　例	名　　称	图　　例
单层内开平开窗		孔洞	
双层内外开平开窗		坑槽	
单层推拉窗		检查口	
风道			

第二节　建筑总平面图

　　建筑总平面图是表明新建房屋所在基础有关范围内的总体布置，它反映新建、拟建、原有和拆除的房屋、构筑物等的位置和朝向，室外场地、道路、绿化等的布置，地形、地貌、标高等以及与原有环境的关系和邻界情况等。

　　建筑总平面图也是房屋及其他设施施工的定位、土方施工以及绘制水、暖、电等管线总平面图和施工总平面图的依据。

　　从建筑总平面图（图 1-13）中可以看出它应包括以下内容：

　　（1）该建筑场地所处的位置与大小。

　　（2）新建房屋在场地内的位置及其与邻近建筑物的距离。

　　（3）新建房屋的方位用指北针表明，有时用风向频率玫瑰图表示常年的风向频率与方位。

　　（4）新建房屋首层室内地面与室外地坪及道路的绝对标高。

　　（5）场地内的道路布置与绿化安排。

　　（6）扩建房屋的预留地。

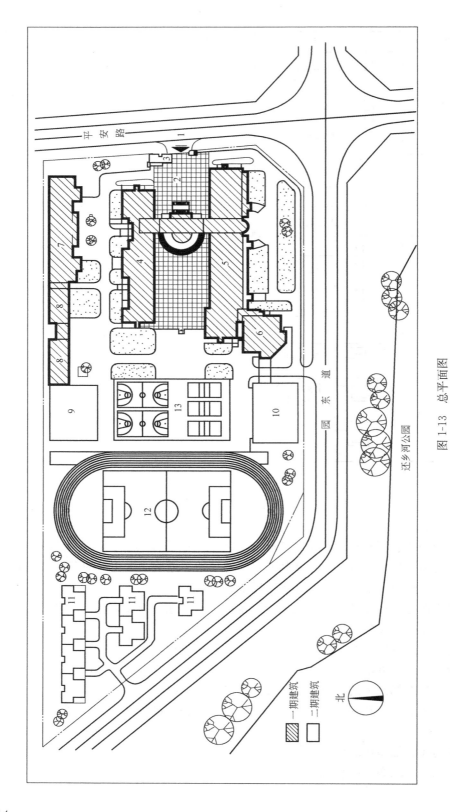

图 1-13 总平面图

1—主要入口；2—入口广场；3—传达室；4—教学楼；5—实验楼；6—报告厅；7—宿舍；8—浴室；
9—体育馆；10—礼堂；11—教工住宅；12—400m 跑道田径场；13—球场

第三节　建筑平面图

建筑平面图是建筑施工图的基本图样，它是假想用一水平的剖切面沿门窗洞位置将房屋剖切后，对剖切面以下部分所作的水平投影图。它反映出房屋的平面形状、大小和布置；墙、柱的位置、尺寸和材料；门窗的类型和位置等。

对于多层建筑，一般应每层有一个单独的平面图。但一般建筑常常是中间几层平面布置完全相同，这时就可省掉几个平面图，只用一个平面图表示，这种平面图称为标准层平面图。

建筑施工图中的平面图，一般有：底层平面图（表示第一层房间的布置、建筑入口、门厅及楼梯等）、标准层平面图（表示中间各层的布置）、顶层平面图（房屋最高层的平面布置图）以及屋顶平面图（即屋顶平面的水平投影，其比例尺一般比其他平面图为小）。

建筑平面图的主要内容（图 1-14）有：

（1）建筑物及其组成房间的名称、尺寸、定位轴线和墙厚等。

（2）走廊、楼梯位置及尺寸。

（3）门窗位置、尺寸及编号。门的代号是 M，窗的代号是 C。在代号后面写上编号，同一编号表示同一类型的门窗。如 M-1；C-1。

（4）台阶、阳台、雨篷、散水的位置及细部尺寸。

（5）室内地面的高度。

（6）首层平面图上应画出剖面图的剖切位置线，以便与剖面图对照查阅。

第四节　建筑立面图

建筑立面图，是平行于建筑物各方向外墙面的正投影图，简称（某向）立面图。

建筑立面图用来表示建筑物的体型和外貌，并表明外墙面装饰要求等的图样。

房屋有多个立面，通常把房屋的主要出入口或反映房屋外貌主要特征的立面图称为正立面图，从而确定背立面图和左、右侧立面图。无定位轴线的建筑物可按各面的朝向来定立面图的名称，如南立面图、北立面图、东立面图和西立面图。有定位轴线的建筑物，宜根据两端的轴线编号来定立面图的名称，如图 1-15 中的①～⑨立面图和⑨～①立面图。当某些房屋的平面形状比较复杂，还需加画其他方向或其他部位的立面图。如果房屋的东西立面布置完全对称，则可合用而取名东（西）立面图。

按投影原理，立面图上应将立面上所有看得见的细部都表示出来。但由于立面图的比例小，如门窗扇、檐口构造、阳台栏杆和墙面复杂的装修等细部，往往只用图例表示。它们的构造和做法，都另有详图或文字说明。因此，习惯上往往对这些细部只分别画出一两个作为代表，其他都可简化，只需画出它们的轮廓线。若房屋左右对称时，正立面图和背立面图也可各画一半，单独布置或合并成一图。合并时，应在图的中间画一铅直的对称符号作为分界线。

房屋立面如果有一部分不平行于投影面，例如成圆弧形、折线形、曲线形等，可将该部分展开到与投影面平行，再用正投影法画出其立面图，但应在图名后注写"展开"两字。对于平面为回字形的房屋，它在院落中的局部立面，可在相关的剖面图上附带表示。如不能表示时，则应单独绘出。

建筑立面图的主要内容有：

（1）建筑物的外观特征及凹凸变化。

（2）建筑物各主要部分的标高及高度关系。如：室内外地面、窗台、门窗顶、阳台、雨篷、檐口等处完成面的标高，及门窗等洞口的高度尺寸。

（3）立面图两端或分段定位轴线及编号。

（4）建筑立面所选用的材料、色彩和施工要求等。

第五节　建筑剖面图

假想用一个或多个垂直于外墙轴线的铅垂剖切面，将房屋剖开，所得的投影图，称为建筑剖面图，简称剖面图。剖面图用以表示房屋内部的结构或构造形式、分层情况和各部位的联系、材料及其高度等，是与平、立面图相互配合不可缺少的重要图样之一。

剖面图的数量是根据房屋的具体情况和施工实际需要而决定的。剖切面一般为横向，即平行于侧面，必要时也可以纵向，即平行于正面。其位置应选择在能反映出房屋内部构造比较复杂与典型的部位，并应通过门窗洞的位置。若为多层房屋，应选择在楼梯间或层高不同、层数不同的部位。剖面图的图名应与平面图上所标注剖切符号的编号一致，如1—1剖面图、2—2剖面图等。

剖面图中的断面，其材料图例与粉刷面层线和楼、地面面层线的表示原则及方法，与平面图的处理相同。

建筑剖面图的主要内容（图1-16）。

（1）剖切到的各部位的位置、形状及图例。其中有室内外地面、楼板层及屋顶、内外墙及门窗、梁、女儿墙或挑檐、楼梯及平台、雨篷、阳台等。

（2）未剖切到的可见部分，如墙面的凹凸轮廓线、门、窗、勒脚、踢脚线、台阶、雨篷等。

（3）外墙的定位轴线及其间距。

（4）垂直方向的尺寸及标高。

（5）详图索引符号。在建筑剖面图中，对需要另有详图表示的部位，都要加注索引符号以便查阅。

（6）施工说明。

第六节　建筑详图

建筑详图是建筑细部的施工图。因为平、立、剖面图的比例较小，房屋上许多细部构造无法表示清楚，根据施工需要，必须另外绘制比例较大的图样才能表达清楚。所以建筑详图是建筑平、立、剖面图的补充。凡选用标准图或通用图的节点和建筑构配件，只需注明图集代号和页次，不必再画详图。

10.200

9.100

7.300

5.900

4.100

2.700

0.900

-0.020

-0.450

①

①～⑨立面图 1:100

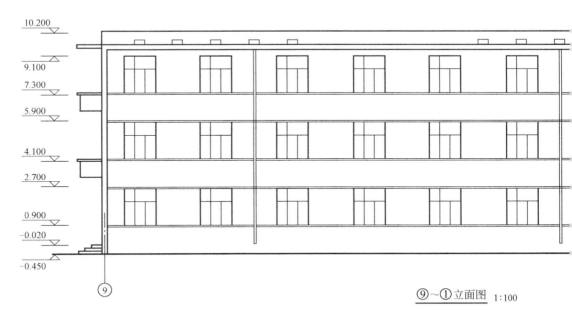

10.200

9.100

7.300

5.900

4.100

2.700

0.900

-0.020

-0.450

⑨

⑨～①立面图 1:100

图 1-15　立面图

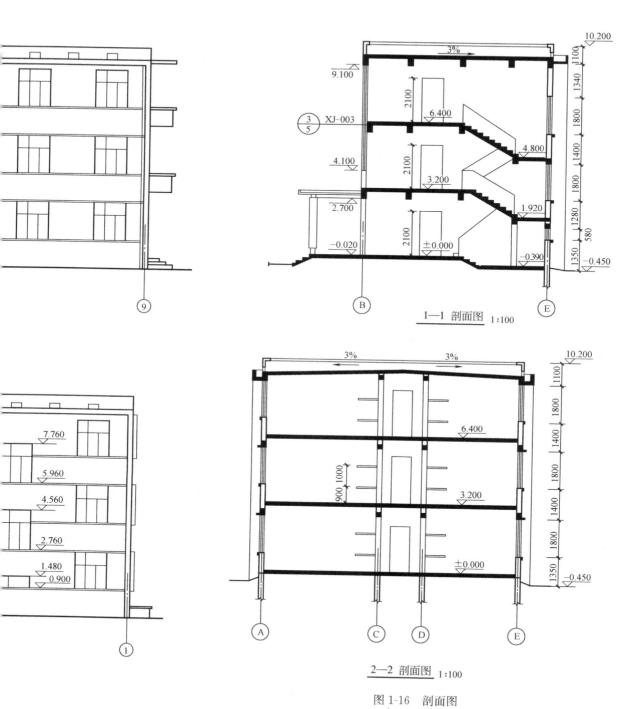

图 1-16 剖面图

对于详图，一般应做到比例大（常用比例为 1∶1、1∶2、1∶5、1∶10、1∶20），尺寸标注齐全、准确以及文字说明清楚。

建筑详图包括表示局部构造的详图，如外墙详图、楼梯详图、阳台详图等；表示房屋设备的详图，如卫生间、厨房、实验室内设备的位置及构造等；表示房屋特殊装修部位的详图，如吊顶、花饰等。建筑详图的种类很多，本节只介绍常见的几种。

一、外墙身详图

外墙身详图实际上是建筑剖面图的局部放大图，它表示房屋的屋面、楼层、地面和檐口构造、楼板与墙的连接、门窗顶、窗台和勒脚、散水等的构造情况，是施工的重要依据。

详图用较大比例（如 1∶20）画出。多层房屋中，若各层的情况一样时，可只画底层、顶层或加一个中间层来表示。画图时，往往在窗洞中间处断开，成为几个节点详图的组合（图 1-17）。有时，也可不画整个墙身的详图，而是把各个节点的详图分别单独绘制。详图的线型要求与剖面图一样。

外墙身详图的主要内容如下：

（1）表明墙体的厚度与各部分的尺寸变化，及其与定位轴线的关系。注明定位轴线位置。

（2）表明各层梁板等构件的位置、尺寸及其与墙身的关系与连接做法。

（3）表明室内各层地面、楼面、屋面等的标高及其构造做法（当施工图中附有构造做法表时，在详图及其他图纸上只需标注该表中的做法编号即可，如墙 1、墙 2、楼 1、楼 2 等）。

（4）表明门窗洞口的高度、标高及立口的位置。

（5）表明立面装修的要求，包括墙身各部位的凹凸线脚、窗口、门头、雨篷、檐口、

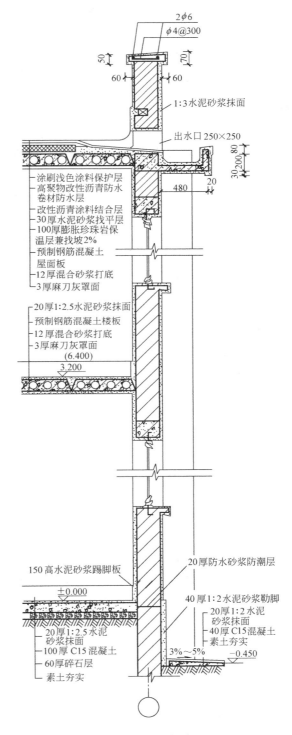

图 1-17　外墙身详图

勒脚、散水以及墙身防潮等的材料、构造做法和尺寸。

二、楼梯详图

楼梯是多层房屋上、下层之间的交通设施，它由梯段、平台和栏杆扶手组成。楼梯的构造比较复杂，在建筑平面图、剖面图中很难表示清楚，所以必须另画详图表示。楼梯详图要表示出楼梯的类型、结构形式、各部位尺寸以及装修做法等，它是楼梯施工放样的依据。

楼梯的建筑详图一般包括平面图、剖面图及踏步、栏杆扶手详图等。平、剖面图比例要一致，以便对照阅读。踏步、栏杆扶手详图比例要大一些，以便能清楚表达构造情况。

以下介绍楼梯详图的识读。

（一）楼梯平面图

三层以上的房屋，如中间各层楼梯的位置、梯段数、踏步数及尺寸都完全相同时，可只画出底层、中间层和顶层三个平面图。从图 1-18 可以看出，楼梯平面图的剖切位置，是在该层往上走的第一梯段中间。各层被剖切到的梯段，均应在平面图中以一根 45°折断线表示。在每一梯段处画一长箭头，并注写"上"或"下"（有时也同时注上踏步数）。底层平面图还应注明楼梯剖面图的剖切位置。

从图 1-18 中可以看出，每层楼梯平面图各具有不同的特点。底层平面图只有一个被剖切的梯段和栏杆，并注有"上"字的长箭头，图中还画出楼梯底下的储藏室以及下贮藏室的三级踏步。顶层平面图的剖切平面在安全栏板之上，则在图中画有两段完整的梯段和楼梯平台，在梯口处只注有"下"的长箭头。中间层平面图既画出被剖切地往上走的梯段（标有"上"的长箭头），同时还画有该层往下走完整的梯段（注有"下"字的长箭头）以及楼梯平台和平台往下的梯段。这部分梯段与被剖切梯段的投影重合，并以 45°折断线为界。

该图中应当注意的是，各层平面图上所画的每一分格，表示梯段的一级。但因梯段最高一级的踏面与平台面或楼面重合，所以平面图中每一梯段画出的踏面数，就比级数少一个。

（二）楼梯剖面图

假想用一铅垂面，通过各层的一个梯段，将楼梯剖开，向另一未剖到的梯段方向投影，所作的剖面图，即为楼梯剖面图（图 1-19）。剖面图应能完整地、清晰地表示出各梯段、平台、栏杆扶手等的构造及它们的相互关系情况。在多层房屋中，若中间各层的楼梯构造相同时，则剖面图可只画出底层、中间层和顶层剖面，中间用折断线分开（与外墙身详图处理方法相同）。

楼梯剖面图能表达出房屋的层数、楼梯梯段数、踏步级数以及楼梯的类型和结构形式。如本图为 3 层楼房，每层有两梯段，称为双跑式楼梯，从图中还可看出这是一个现浇钢筋混凝土楼梯。

剖面图中应注明地面、平台面、楼面等的标高和梯段、栏杆扶手的高度尺寸。梯段高度尺寸注法与楼梯平面中梯段长度注法相同，在高度尺寸中注的是踏步级数，而不是踏面数。由于楼梯下设有一储藏室，室内净高要求大于或等于 2m，因此本例底层的两梯段高度不一致。

从图中的索引符号可知，踏步、栏板都另有详图，用更大的比例画出它们的形式、大

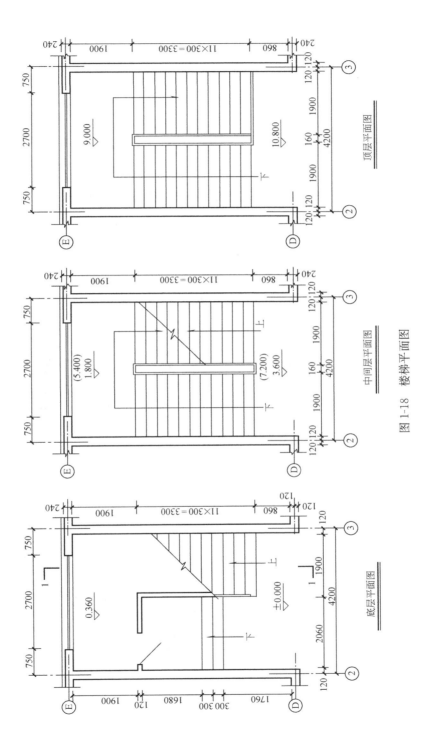

图 1-18 楼梯平面图

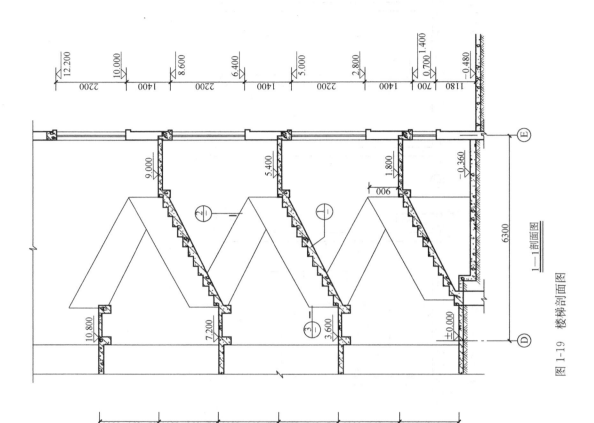

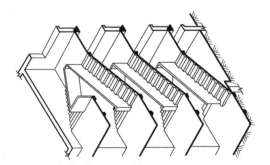

图 1-19　楼梯剖面图

1—1剖面图

小、材料以及构造情况，如图 1-20 所示。

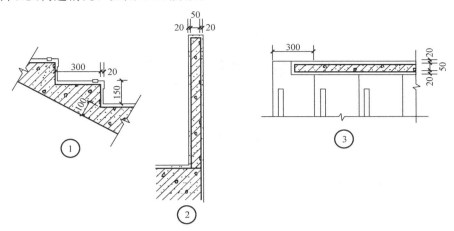

图 1-20　楼梯踏步及栏板详图

第二章　民用建筑设计

第一节　概　　述

一、建筑的基本构成要素

不同时代，不同地区，不同民族创造了各式各样不同风格的建筑。然而，不管是最原始、最简单的建筑，还是最现代、最复杂的建筑，从根本上讲都要满足人的使用要求，都需要技术，都涉及艺术。所以，我们说建筑都是由三个基本要素所构成的，即建筑功能、物质技术条件和建筑形象。

第一，建筑功能。人们建造建筑物，是为了满足人们物质生产和文化生活的需要。不同的功能，要求不同类型的建筑物。建筑的功能要求是随着社会生产力的不断发展和人类物质文化生活水平的不断提高而日益复杂，因而对建筑的功能提出了越来越高的要求。

第二，物质技术条件。一般建筑材料、结构、施工技术和建筑设备是建筑的物质要素。现代工业生产，为建筑提供了新的材料，引起了建筑结构的变化，促进了建筑生产技术的发展。先进的建筑生产技术又使大型的复杂结构得以实现。材料、结构和建筑生产技术是实现建筑功能目的的重要手段。例如，钢材、水泥和钢筋混凝土的出现，解决了现代建筑中的大跨度和高层建筑的结构问题。

第三，建筑形象。建筑物是物质产品，以其内部和外部空间组合、建筑体型、立面式样、细部装修处理、色彩等，构成一定的建筑形象，表现出某个时代的生产力水平、文化生活水平、社会的精神面貌、建筑空间形象的民族特点和地方特征。

三个基本要素是辩证统一、不可分割的。建筑功能是建筑的目的，是主导因素。物质技术条件是实现这一目的的手段，依靠它可以达到和改善功能要求。建筑形象也是发展变化的，在相同功能要求和物质技术条件下，可以创造出不同的建筑形象。但是，有些建筑物的形象，如有纪念性意义的、象征性的、装饰性强的建筑物，为了达到美的意境或某种形象效果，有时建筑形象又处于主导地位，起决定性作用。

二、民用建筑的分类

根据人们对建筑物提出的不同要求，民用建筑可分为两大类。

（1）居住建筑：供人们生活起居用的建筑物。如住宅、宿舍等。

（2）公共建筑：供人们进行各项社会活动的建筑物。如托儿所、学校、医院、商店、火车站、电视台等。

三、建筑设计的内容和依据

一幢建筑物，从立项到建成使用必须经过一个完整的工作过程。首先要编制设计任务书，接着是选择修建地址并进行勘测基地，提供有关地质、气象、水文等资料，然后进行设计、施工。

（一）设计内容

建筑物的设计包括三方面的内容，即建筑设计、结构设计和设备设计。

建筑设计是在总体规划的前提下，根据建设任务要求和工程技术条件进行房屋的空间组合设计和细部设计，并以建筑设计图的形式表示出来。建筑设计一般由建筑师来完成。

结构设计的主要任务是配合建筑设计选择切实可行的结构方案，进行结构构件的计算和设计，并用结构设计图表示。结构设计通常由结构工程师完成。

设备设计是指建筑物的给排水、采暖、通风和电气照明等方面的设计。这些设计一般是由有关的工程师配合建筑设计完成，并分别以水、暖、电等设计图表示。

以上几方面的工作既有分工，又密切配合，形成一个整体。各专业设计的图纸、计算书、说明书及预算书汇总，就构成一个建筑工程的完整文件，作为建筑工程施工的依据。

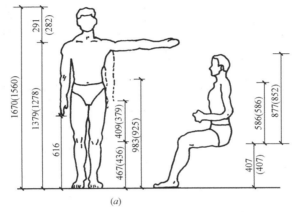

(a)

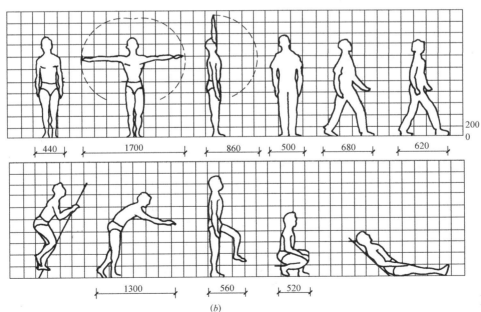

(b)

图 2-1　人体尺度和人体所需的空间尺度

(a) 人体尺度；(b) 空间尺寸

（二）设计依据

1. 人体尺度及人体活动所占的空间尺度，是确定民用建筑内部各种空间尺度的主要依据。我国中等人体地区成年男子的平均身高为 1670mm，女子为 1560mm（图 2-1）。不同地区人体平均身高见表 2-1。

不同地区人体平均身高（单位：mm）　　　　　　　　表 2-1

较高人体地区(冀、鲁、辽)		中等人体地区(长江三角洲)		较低人体地区(四川)	
男	女	男	女	男	女
1690	1580	1670	1560	1630	1530

2. 家具、设备尺寸及使用它们所需活动空间尺寸，是考虑房间内部面积的主要依据（图 2-2）。

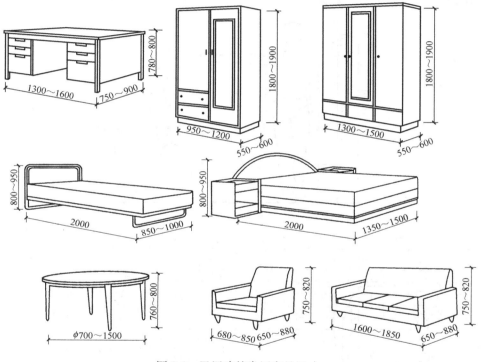

图 2-2　民用建筑常用家具尺寸

3. 温度、湿度、日照、雨雪、风向、风速。

4. 地形、地质条件和地震烈度，建筑基地地形的平缓起伏，基地的地质构成、土的特性和地基承载力的大小等，均对建筑的空间组合、结构布置和建筑体型有影响。

地震烈度表示地面及房屋建筑遭受地震破坏的程度。在烈度 6 度以下地区，地震对建筑物的损坏较小，9 度以上的地区，由于地震过于强烈，一般应尽可能避免在这些地区建设。建筑物抗震设防的重点是在 6、7、8、9 度地震烈度的地区。

5. 水文条件，掌握当地地下水位的高低及地下暗河，以便决策是否在该地建房，或采取相应的技术对策。

6. 建筑模数协调统一标准，建筑模数是选定的标准尺度单位，作为建筑物、建筑构配件、建筑制品以及有关设备尺寸相互间协调的基础。目前，我国采用 100mm 为基本模数，用 M 表示，即 1M＝100mm。同时还采用：

1/2M（50mm）、1/5M（20mm）、1/10M（10mm）等分模数；

3M（300mm）、6M（600mm）、12M（1200mm）、15M（1500mm）、30M（3000mm）、60M（6000mm）等扩大模数。

常用模数数列见表 2-2。

常用模数数列（单位：mm）　　　　表 2-2

模数名称	基本模数	扩大模数						分模数		
模数基数	1M	3M	6M	12M	15M	30M	60M	1/10M	1/5M	1/2M
基数数值	100	300	600	1200	1500	3000	6000	10	20	50
模数数列	100	300						10		
	200	600	600					20	20	
	300	900						30		
	400	1200	1200	1200				40	40	
	500	1500			1500			50		50
	600	1800	1800					60	60	
	700	2100						70		
	800	2400	2400	2400				80	80	
	900	2700						90		
	1000	3000	3000		3000	3000		100	100	100
	1100	3300						110		
	1200	3600	3600	3600				120	120	
	1300	3900						130		
	1400	4200	4200					140	140	
	1500	4500			4500			150		150
	1600	4800	4800	4800				160	160	
	1700	5100						170		
	1800	5400	5400					180	180	
	1900	5700						190		
	2000	6000	6000	6000	6000	6000	6000	200	200	200
	2100	6300						220		
	2200	6600	6600					240		
	2300	6900								250
	2400	7200	7200	7200				260		
	2500	7500			7500			280		
	2600		7800					300		300
	2700		8400	8400				320		
	2800		9000		9000	9000		340		
	2900		9600	9600						350
	3000				10500			360		
	3100			10800				380		
	3200			12000	12000	12000	12000	400	400	400
	3300				15000					450
	3400				18000	18000				500
	3500				21000					550
	3600				24000	24000				600
					27000					650
					30000	30000				700
					33000					750
					36000	36000				800
										850
										900
										950
										1000
应用范围	主要用于建筑物层高、门窗洞口和构配件截面等处	主要用于建筑物的开间或柱距、进深或跨度、层高、构配件截面尺寸和门窗洞口等处						主要用于缝隙、构造节点和构配件截面等处		

除此以外，建筑设计应遵照国家制订的标准、规范以及各地区或各部门颁发的标准执行，如：建筑防火规范、采光设计标准、住宅设计规范等。

四、设计程序

（一）设计前的准备

为了保证设计质量，设计前必须做好充分准备，包括掌握设计任务书的要求，广泛深入地进行调查研究，收集必要的设计基础资料等几方面。

1. 熟悉设计任务书

设计任务书是经上级主管部门批准提供给设计单位进行设计的依据性文件，一般包括以下内容：

（1）建设项目总的要求、用途、规模及一般说明。

（2）建设项目的组成，单项工程的面积，房间组成，面积分配及使用要求。

（3）建设项目的投资及单方造价，土建设备及室外工程的投资分配。

（4）建设基地大小、形状、地形，原有建筑及道路现状，并附地形测量图。

（5）供电、供水、采暖及空调等设备方面的要求，并附有水源、电源的接用许可文件。

（6）设计期限及项目建设进度计划安排要求。

2. 调查研究

（1）访问使用单位对建筑物的使用要求，调查同类建筑物实际使用情况。

（2）了解建筑材料供应和结构施工等技术条件。

（3）基地踏勘：根据当地城市建设管理部门所规定的建筑红线进行现场踏勘，了解基地和周围环境的现状，考虑拟建建筑物总平面布置的可能性。

（4）了解当地传统建筑经验和生活习惯，作为设计的借鉴。

（二）建筑设计阶段

一般建设项目按两个阶段进行设计，即初步设计阶段和施工图设计阶段。对于技术要求复杂的建设项目，可在两设计阶段之间，增加技术设计阶段。

1. 初步设计

初步设计之前，设计人根据设计任务书的要求，进行方案构思，绘制建筑方案设计图。重要建筑，还需绘制各类表现图（透视图、鸟瞰图等）。在多方案比较的基础上，进一步研究和完善，作出初步设计。

初步设计的图纸文件包括：总平面图（比例尺 1：500～1：1000），建筑平面、立面、剖面图（比例尺 1：100～1：200）及简要说明，结构系统的说明，采暖通风、给水排水、电气照明、燃气供应等系统的说明，总概算及主要材料用料，各项技术经济指标等。

上述图纸文件应有一定的深度，以满足设计审查、主要材料及设备订货以及施工图设计的编制等方面的需要。

2. 施工图设计

初步设计被批准后，即可进行施工图设计。施工图设计阶段主要是将初步设计的内容进一步具体化。各专业绘制的施工图纸（包括详图）和施工说明，必须满足建筑材料及设备订货、施工预算和施工组织计划的编制等要求，以保证施工质量和加快施工的进度。

技术较复杂的工程，应在初步设计和施工图设计之间安排技术设计阶段。这一阶段主要是在初步设计的基础上，进一步具体解决各种技术问题，经过充分地协商，合理地解决建筑、结构、设备等专业之间在技术方面存在的矛盾，为顺利地进行施工图设计作好准备。

第二节　单一建筑空间设计

一幢建筑，一般都有多个供不同使用的单一空间，就其性质可大致分为房间和交通联系两大组成部分。房间部分分为使用房间和辅助房间。交通联系部分是指建筑物中联系同层房间的水平交通系统和联系层与层之间的垂直交通系统，以及供室内交通集散和室内外过渡的交通枢纽。

一、使用房间设计

房间是组成建筑总体空间的基本单元，任何空间都具有三维性，因此，在进行方案设计时，往往先从平面入手，综合考虑平、立、剖三者的关系，按完整的三维空间概念去进行设计，反复推敲，才能完成一个好的建筑设计。

（一）使用房间的面积、形状和尺寸

1. 房间面积

房间面积是由家具设备占用面积、人们使用活动面积、交通面积三个部分组成（图2-3）。房间面积的大小主要是使用要求决定的。影响房间面积大小的使用要求，具体有以下几点：

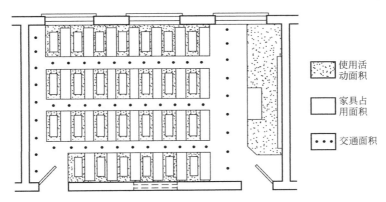

图 2-3　教室室内使用面积分析示意

（1）房间容纳人数

一般情况下，容量大的房间面积也需要大些。经过多年来建筑设计实践的经验积累和理论分析研究，各地区和部门已有一个比较成熟的面积定额指标供设计参考。表2-3是部分民用建筑房间的面积参考指标。

部分民用建筑房间面积定额参考指标　　　　　　　　表 2-3

项　目 建筑类型	房间名称	面积定额（m²/人）	备　注
中小学校	普通教室	1.36～1.39	小学取低限
办公楼	一般办公室	3.5	不包括走道
	会议室	0.8	无会议桌
		1.8	有会议桌
铁路旅客站	普通候车室	≥1.2	中型站

对于一些建筑的房间面积指标，由于有关部门未作具体规定，这就需要通过实例调查和分析研究，自己作出结论作为设计依据。

（2）家具设备

房间面积不仅受容纳人数多少的影响，也受人们使用家具类型和布置方式的影响。如两个容量相同的会议室：一个布置会议桌，一个不布置会议桌，从表 2-3 查得，无会议桌仅 $0.8m^2$/人，而有会议桌为 $1.8m^2$/人，相差达 2 倍多。

房间内设备的大小和多少对房间面积大小影响很大，特别是设备用房，如锅炉房、卫生间、空调设备间等影响尤为显著。

（3）经济条件

国家制定建筑设计指标，除考虑人民使用需要外，另一个重要因素就是国家经济条件的可能性。

2. 房间形状

房间的面积初步确定之后，采用什么样的形状才合理，是房间设计的另一个重要问题。确定房间的形状主要应考虑房间的使用要求、室内空间观感以及周围环境的特点等因素。在大量性民用建筑中，如住宅、宿舍、学校、办公楼等通常采用矩形平面的房间，这是由于矩形平面便于家具和设备的布置，房间的开间或进深易于调整统一，结构布置和预制构件的选用较易解决。

有些房间对音质和视线有比较明确的要求，如讲演厅、影剧院、体育馆的观众厅等，它们对音质的主要要求是语言的清晰度和声场分布均匀。其平面形状宜用矩形、钟形、扇形或其他类似形状，而不宜采用圆形、椭圆形或类似形状。顶棚则宜采用平顶棚、斜面顶棚、波形顶棚或凸面顶棚等，不宜采用凹面顶棚或类似的顶棚（图 2-4）。

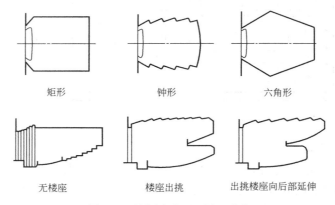

矩形　　　　　钟形　　　　　六角形

无楼座　　　楼座出挑　　　出挑楼座向后部延伸

图 2-4　观众厅平面、剖面形式

又如：中小学校的普通教室（图 2-5），为了保证学生上课能看清楚黑板，规定最远视距小学不宜大于 8.0m，中学不宜大于 9.0m，而最近视距不得小于 2.2m；再一点就是视角，规定学生看黑板的水平视角不得小于 30°，仰视角不得小于 45°。在良好的视距和视角范围内，教室的平面形状可采用矩形、方形、六边形等多种形状。

另外，为了改善房间朝向，避免东西晒或为了适应地形的需要，房间的平面形状也可采用非矩形的平面形状（图 2-6）。当采用这种形状时，内部空间处理、家具和结构布置均要采取相应措施，以便适应房间形状的要求。

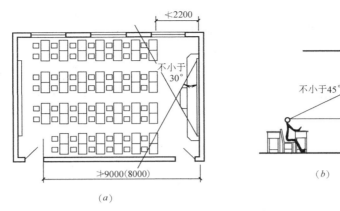

(a)

(b)

图 2-5　普通教室的使用要求

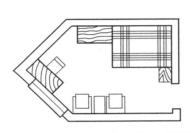

图 2-6　避免西晒的非矩形平面形状

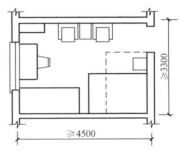

图 2-7　居室开间进深的确定

3. 房间尺寸

　　在初步确定了房间的面积、形状之后，就要确定房间的长、宽、高的具体尺寸，主要应从如何有利于家具的灵活布置，使空间和面积能得到充分的利用；视听、观感良好，符合建筑模数要求等各个因素综合加以考虑，以求得一个最佳尺寸组合。

　　(1) 平面尺寸

　　平面尺寸应满足家具设备布置及人们活动的要求。如住宅：为了方便室内家具布置灵活，一般采用 3.3m 的开间，如图 2-7 所示。因为房间宽 3.3m 能在宽度方向横放一张床，还能开一个门。也可以竖放一张 1350～1500mm 的双人床，加上一个 1100～1300mm 的写字台。如果开间小于 3.3m，在开间方向就不能横放一张床，减小了家具布置的灵活性。又如中学普通教室：由于使用要求规定教室的最大视距不宜超过 9.0m，也就确定了教室的长度。再根据对视线水平视角不宜小于 30° 的规定，可以按照要求容纳学生人数，进行课桌椅的排列，确定教室的平面尺寸。

　　房间的长、宽尺寸，不能仅从使用要求出发，还要看房间长、宽比例，一般长、宽比例宜在 1:1～1:2 为好，最好能在 1:1.5 左右。

　　在实际设计工作中，对一些大量性建筑的开间都有一些可行的常用尺寸可供参考，如住宅：3300、3600mm 开间常用于卧室、起居室，而 2700、2400mm 的开间常用于厨房、厕所、楼梯间等。宿舍、办公室常用开间为：3900、3600、3300、3000mm，中小学普通教室常用开间为 9000、9300mm。

　　(2) 房间高度（层高）

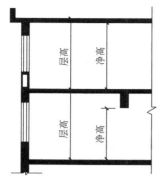

图 2-8 房间净高与层高

房间的层高是指该层楼地面到上一层楼面之间的距离。净高是指楼地面到结构层（梁、板）底面或顶棚下表面之间的距离（图2-8）。房间的高度恰当与否，直接影响到房间的使用、经济以及室内空间的艺术效果。在通常情况下，房间的高度是根据室内家具设备尺寸、人体活动要求、采光、通风、照明、技术经济条件以及室内空间比例等因素综合确定的。

1）人体活动及家具设备的要求

房间的净高与人体活动尺度有很大关系。不同类型的房间，由于使用人数不同、房间面积大小不同，对房间的净高要求也不相同。卧室使用人数少、面积不大，又无特殊要求，故净高2.4m已能满足正常使用要求；教室使用人数多，面积相应增大，净高宜高一些，一般常取3.1～3.4m。

除此以外，房间的家具设备以及人们使用家具设备所需的必要空间，也直接影响到房间的净高和层高。图2-9（a）为设双层床的学生宿舍，考虑床的尺寸及必要的使用空间，净高应比一般住宅适当提高。图2-9（b）为游泳馆比赛大厅，房间净高应考虑跳水台的高度、跳水台至顶棚的最小高度。

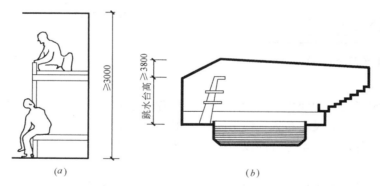

图 2-9　家具设备和使用活动要求对房间高度的影响
（a）宿舍；（b）游泳馆

2）采光、通风等卫生要求

室内天然采光照度是否均匀，除与窗平面位置有关外，窗开启高度影响也很大，如图2-10。房间通风主要涉及进风口和排风口在剖面中的位置，通常在内墙上设高窗或利用天

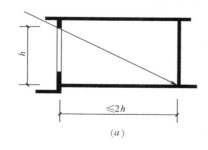

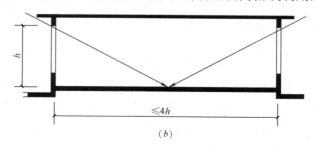

图 2-10　采光要求对房间高度的影响
（a）单侧采光；（b）双侧采光

窗来组织室内通风，这些方法都直接影响到室内净高。

此外，一些室内容纳人数较多的公共用房的高度还受卫生要求的影响，如中小学校的教室，按卫生标准规定，每个学生的气容量应为 3～5m³。

3）空间的尺度和比例

房间的空间高度，除受功能使用要求约束之外，还要注意空间高度对人所产生的精神感受。如住宅居室空间过高、过大就不能给人以亲切、宁静的感觉；对于一些公共用房如果空间高度过低，就会使人感到压抑。所以，我们应选一个合适的高宽比（即高跨比），一般以 1：1～1：3 为好。

对于一般大量性房间，如教室、寝室、卧室、客房等都有一个常用的空间高度（层高）尺寸：

住宅：宜为 2.8m。

宿舍、旅馆客房、办公室：2.8～3.3m。

学校教室：3.6～3.9m。

（二）房间的门窗设置

一个不开门窗的房间就是一个封闭的空间，不能满足使用需要。房间门的主要作用是联系和分隔室内外空间和作为通风的孔道；而窗的主要作用则是采光、通风和分隔空间。当然对门窗也还有一些特殊功能要求，如高层建筑、库房等要求设置防火门；播音室、录音室等则要求门窗具有很好的隔声效果等。

1. 房间门的设置

（1）门的宽度和数量

一道门的宽度一般按通行人流的股数进行计算。一般单股人流通行宽度为 550～600mm；而一个人侧身通过宽度为 300mm。所以门的最小宽度（门洞宽）为 700mm（一人通行），这种门常用于住宅的厕所、浴室。为了能携带物品通过可用 800～900mm 宽的门（一人携带物品通行），一般 800mm 宽的门常用于住宅的厨房，而 900mm 宽的门常用于住宅的居室等。公共性房间如教室、寝室、客房、办公室等的门宽为 1000mm（一人正面通行，同时另一人能侧面通行）。当门的宽度再大时，由于构造要求，需做成双扇门，其宽为 1200～1500mm，常用于会议室、观众厅、比赛厅等公共性用房。建筑出入口的门一般宽为 1800mm（双扇）、2400～3600mm（四扇）。

此外，房间内设备和家具的大小对门宽有很大影响，如汽车库的门主要决定于存放汽车的通行宽度。

门的数量根据使用人数的多少和具体使用要求来确定。我国建筑设计防火规范规定：房间建筑面积小于等于 50m²，且经常停留人数不超过 15 人时，可设一个疏散门。

（2）门的位置和开启方式

门的位置应与室内家具的布置相配合，一般情况下，门的位置应放在家具布置的人行通道上［图 2-11（a）、（b）、（c）］，特别是人行通道汇合的地方。当然室内家具布置的人行通道也要注意使门的分布均匀，不可使疏散口过分集中。

此外，门不宜放在有集中荷载的承重部位，同时还应注意与窗配合，以便于室内穿堂风的组织（图 2-12）。

门的开启方式：我国建筑设计防火规范规定，民用建筑和厂房的疏散门应向疏散方向

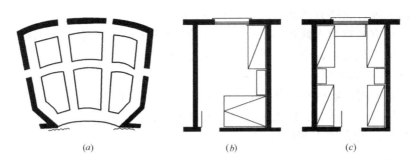

(a)   (b)   (c)

图 2-11   走道与房间门的位置关系

（a）观众厅；（b）卧室；（c）集体宿舍

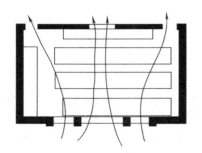

图 2-12   教室的门窗位置

开启，人数不超过 50 人的房间且每樘门的平均疏散人数不超过 30 人时，其门的开启方向不限。对于幼儿园、中小学校，为确保安全不宜采用弹簧门；对有防风沙、采暖要求高的房间，可以采用弹簧门或转门；对容量大的公用房间，如观众厅等不应采用推拉门、卷帘门等。民用建筑及厂房的疏散用门应采用平开门，不应采用推拉门、卷帘门、吊门、转门。

2. 房间窗的设置

（1）窗的面积

窗的面积（窗洞口面积）的大小要根据建筑所在地区的日照情况和房间使用对室内采光需要情况来确定。在《建筑采光设计标准》（GB 50033—2013）中按室外总照度年平均值大小，将我国划分为 5 个光气候分区，Ⅰ区的天然采光条件最好、Ⅴ区最差。在进行建筑采光设计时，可以根据表 2-4 来估算房间的开窗面积。该表是以北京所在的第Ⅲ类光气候区为基准规定的（其他光气候区需用光气候系数 K 值进行修正），表中的窗地面积比是指窗洞口面积与房间地面面积之比。

窗地面积比和采光有效进深   表 2-4

采光等级	侧面采光		顶部采光	适用场所
	窗地面积比	采光有效进深	窗地面积比	
Ⅰ	1/3	1.8	1/6	特别精细类：物精密机电产品加工、工艺品雕刻、刺绣、绘画等
Ⅱ	1/4	2.0	1/8	很精细类：精密理化实验室、药品制剂、印刷、设计室、绘图室等
Ⅲ	1/5	2.5	1/10	精细类：教室、办公室、会议室、阅览室、展厅（单层及顶层）等
Ⅳ	1/6	3.0	1/13	一般类：书房、厨房、客房、起居室、卧室等
Ⅴ	1/10	4.0	1/23	粗糙度：卫生间、门厅、走廊、楼梯间等

有时为了取得某种立面处理效果，窗的面积也可不受此种限制。对于南方炎热地区为了加强室内通风，窗面积也可大些。对于寒冷地区为了减少房间采暖的热损失，窗面积也可适当小些。

（2）窗的位置

窗口在房间中的位置决定了光线的方向及室内采光的均匀性。内廊式建筑的房间采用单侧采光，这种方式外墙上开窗面积大，但射入光线不均匀，近窗点很亮，远窗点较暗，提高窗口高度可使远窗点光线增强。外廊式建筑的房间可设双侧窗，在外墙处设普通侧窗，靠外廊一侧墙面设普通侧窗或高侧窗，这样可改变单侧采光不均匀的现象，同时也有利于室内的通风。图 2-13 为普通教室窗的开设，该教室在外墙设普通侧窗，其中图（a）、（b）三个窗相对集中，窗间设小柱或小段实墙，光线集中在课桌区内，暗角较小，对采光有利。（c）图窗均匀布置在每个相同开间的中部，当窗宽不大时，窗间墙较宽，在墙后形成较大暗角区，影响该处桌面亮度。

房间的自然通风由门窗来组织，门窗在房间中的位置决定了气流的走向，影响到室内通风的范围。因此，门窗位置应尽量使气流通过活动区，加大通风范围，并应尽量使室内形成穿堂风。

窗的高度和竖向位置也直接影响室内照度的均匀。为确保工作面上有充足的光线，窗台不宜过高，一般房间的窗台约高出桌面 100～150mm（窗台高约为 900～1000mm）；窗的上口高度则和房间的进深有关（图 2-14）。

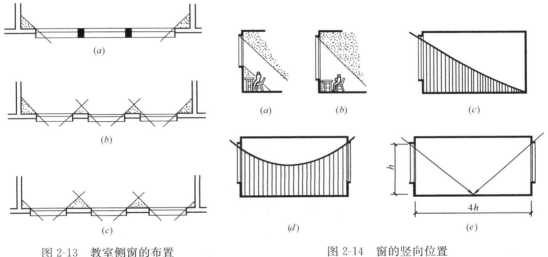

图 2-13　教室侧窗的布置

图 2-14　窗的竖向位置
（a）窗台过高；（b）窗台合适；（c）单面采光照度曲线；
（d）双面采光照度曲线；（e）双面采光窗上口高与进深关系

另外，窗的位置还应考虑立面上的要求，使立面构图整齐协调，不要杂乱无章，影响立面。

二、辅助房间设计

在建筑中，除了使用房间外，还有一些辅助房间如厕所、盥洗室等。辅助房间的设计原理和方法，与使用房间的设计基本一致，室内的设备布置则是辅助房间设计主要考虑的问题，现以厕所设计为例。

（一）厕所设备及数量

厕所卫生设备有大便器、小便器、洗手盆、污水池等。

大便器有蹲式和坐式两种。可根据建筑标准及使用习惯分别选用，一般多采用蹲式。

对于使用频繁的公共建筑，如学校、医院、办公楼、车站等尤其适用。而标准较高、使用人数少或老年人使用的厕所，如宾馆、敬老院等则宜采用坐式大便器。

小便器有小便斗和小便槽两种。较高标准及使用人数少的可采用小便斗，一般厕所常用小便槽。图 2-15 为厕所设备及组合所需的尺寸。

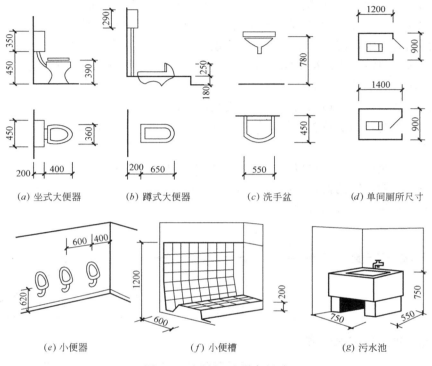

图 2-15　厕所卫生设备尺寸

卫生设备的数量及小便槽的长度主要取决于使用人数、使用对象、使用特点。如中小学，一般是下课后集中使用，因此，卫生设备数量应适当多一些，以免造成拥挤。一般民用建筑每一个卫生器具可供使用的人数都有具体的参考指标，具体设计中可按参考指标并结合调查研究最后确定其数量。如小学，男生应至少为每 40 人设 1 个大便器或 1.20m 长大便槽，每 20 个设 1 个小便斗式 0.6m 长小便槽；女生应至少为每 13 个设 1 个大便槽或 1.20m 长大便槽。

（二）厕所的布置

专用厕所，由于蹲位少，往往是盥洗、浴室、厕所三个部分组成一个卫生间，例如住宅、旅馆等。公用厕所的设计宜设置前室，便池一般靠墙布置，以便安装和固定管线。公用厕所要有良好的采光和通风，争取天然采光。其布置方式如图 2-16 所示。

三、交通联系部分设计

建筑中的交通系统是由走道、楼梯、电梯和门厅等组成。它们把建筑物内部的各种空间和建筑物内外有机地联系起来，保证使用方便和疏散安全。

交通系统的设计要求路线明确，联系便捷，在满足使用和符合防火规范的前提下，尽量减少交通面积。

（一）走道

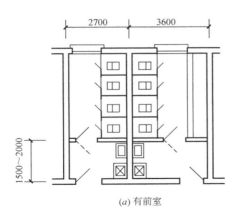 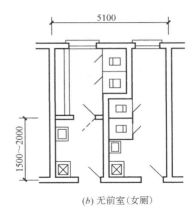

(a) 有前室　　　　　　　　　　　　(b) 无前室（女厕）

图 2-16　厕所的布置形式

走道是水平交通空间，走道宽度除满足正常状态下人流通行和在紧急状态下的安全疏散外，还应满足平时搬运家具设备及某些建筑对走道的特殊使用要求。如医院门诊部的走道，除有一般交通功能外，还要兼做候诊之用，所以其宽度一般为 3m 左右（双侧候诊），如图 2-17 所示。

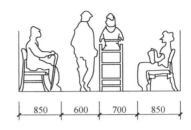

图 2-17　医院门诊走道（兼作候诊用）

在建筑设计防火规范中规定，学校、商店、办公楼等建筑中的疏散走道的总宽度不应小于表 2-5 的规定。

走道的最小宽度一般应保证两股人流正常运行，其净宽不宜小于 1.1m。

一般走道的常用宽度（净尺寸）如下：

办公楼：单面布置走道 1.3～2.2m，双面布置走道 1.6～2.2m。

学校教学楼：内走道不小于 2.4m，外走道不小于 1.8m。

医院：内走道单侧候诊不小于 2.4m，双侧候诊不小于 2.7m。

走道一般都要求能直接采光和通风。当在走道两侧布置房间时，走道只能在两端采光，其长度不应大于 40m；若超过时，应在走道中部利用楼梯间或利用两侧房间门的上亮，或开高侧窗采光。走道内最好不设踏步，若一定要设时，不少于三步为宜。

（二）楼梯

楼梯是建筑中联系各楼层的垂直交通设施。楼梯设计的主要内容是根据人流量的大小和建筑防火安全疏散的规定，确定楼梯的梯段宽度、踏步级数和楼梯的形式。楼梯的具体设计将在后面建筑构造部分讲述。

民用建筑楼梯按其使用性质可分为主要楼梯、次要楼梯、消防楼梯等。主要楼梯常布置在门厅中位置明显的部位，可丰富门厅空间且具有明显的导向性，也可布置在门厅附近较明显的地方。次要楼梯常布置在建筑物次要入口附近，起着分担部分人流和与主要楼梯配合共同起着人流疏散、安全防火的作用。消防楼梯常设于建筑物端部，采用开敞的方式。除此以外，楼梯间的位置还应符合防火规范的要求。

楼梯的宽度和数量主要根据使用性质、使用人数和防火规范来确定。一般供单人通行

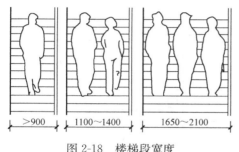

图 2-18　楼梯段宽度

的楼梯宽度应不小于 900mm，双人通行为 1100～1400mm（图 2-18）。一般民用建筑楼梯的最小净宽应满足两股人流疏散要求，但住宅内部楼梯可减小到 750～900mm。所有楼梯梯段宽度的总和应按照防火规范规定的最小宽度进行校核（表 2-5）。

（三）门厅设计

门厅是建筑物的门户，室内外空间的连接、过渡和交通集散之处。因而不管何种类型建筑的门厅都需要进行重点处理。门厅的作

疏散走道、安全出口、疏散楼梯和房间疏散门

每 100 人的净宽度（m）　　　　　　　　　　表 2-5

楼 层 位 置	耐火等级		
	一、二级	三级	四级
地上一、二层	0.65	0.75	1.00
地上三层	0.75	1.00	—
地上四层及四层以上各层	1.00	1.25	—
与地面出入口地面的高差不超过 10m 的地下建筑	0.75	—	—
与地面出入口地面的高差超过 10m 的地下建筑	1.00	—	—

用主要是集散室内交通，而有些建筑如医院、旅馆、车站等公共建筑的门厅还具有使用功能。门厅的设计在满足交通、使用功能要求之外，由于它是门户，在采光、通风、空间处理和室内装修方面都要很好地加以处理。

门厅的面积，应根据建筑的使用性质、规模和防火要求而定。不过各类建筑门厅的面积都有一个参考指标。如电影院为 0.1～0.7m²/每个观众；中小学校为 0.06～0.08m²/每生。门厅如兼有其他用途，如医院门厅兼候诊室、学校门厅兼课间学生活动场所等，其面积应按功能需要增加。

门厅一般在入口处设门廊或雨篷以防止雨雪飘入厅内。严寒地区可设门斗，冬天防止风沙吹入室内，减少室内采暖的热损失。

门厅对外出口的宽度，按防火规范的要求不得小于通向该门厅的走道、楼梯宽度的总和。外门的开启方向一般宜向外或采用弹簧门。

门厅的布置方式一般都应与建筑物的总体布置统一考虑，通常采用的布置方式有两种。

1. 对称式门厅

一般用于对称式建筑平面中，将门厅布置在建筑物的中轴线上 [图 2-19（a）]。门厅通往各处的距离相等，交通联系方便，由于对称式有明显的中轴线，故给人有庄重、严肃之感。

2. 不对称式门厅

多用在不对称的建筑平面中，它没有明显的中轴线，布置比较自由、灵活 [图 2-19（b）]。

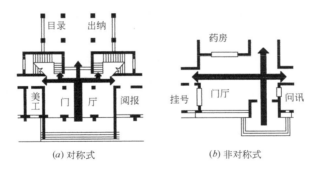

(a) 对称式   (b) 非对称式

图 2-19　门厅的布置方式

第三节　建筑空间组合设计

每一幢建筑物都是由若干房间组合而成。前面已经着重分析了组成建筑物的各种单个房间与交通联系部分的使用要求和平面设计，本节则主要讲述如何将这些房间放置在适当的位置，处理好它们之间的相互关系，使它们有机地组合起来，组成一幢完整的建筑。

一、建筑空间组合的原则

（一）功能合理、紧凑

不同类型的建筑物，其性质、使用功能要求不同；即使同一类建筑物，由于不同地区、不同基地环境、不同自然条件、不同民族文化传统、不同生活习惯等，对建筑会提出不同的功能要求。在空间组合时，要根据性质、规模、环境等不同特点，进行功能分析，使其满足功能合理的基本要求。

在进行空间组合时，首先将各个房间按性质以及联系的紧密程度，进行功能分区。我们通常是借助于功能分析图来表述功能分区的关系，如图 2-20 所示。它比较形象地表示出建筑物各部分之间的联系与分隔要求，房间的使用顺序及交通路线等，按功能分析图，把那些性质近似，联系紧密，形状、大小接近的空间组合在一起，形成不同的功能区，并按水平方向及垂直方向进行组合，使各功能区既保持相对的独立，各得其所，又取得有机联系，成为一幢满足使用要求的功能合理的建筑物。

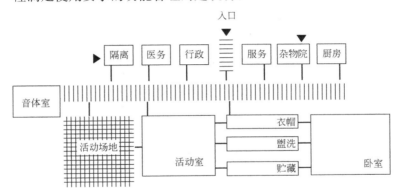

图 2-20　幼儿园功能关系

功能分析可根据建筑物不同的功能特征，采取以下几种方式进行：

1. 按房间的使用主次关系进行功能分析

组成建筑物的各房间，按使用性质及重要性必然存在着主次之分。如居住建筑中的居室是主要房间，厨房、厕所、贮藏室是次要房间。在进行组合时，一般是将主要房间布置在朝向较好的位置，靠近主要出入口，并有良好的采光通风条件，次要房间可布置在条件较差的位置（图 2-21）。

2. 按内外有别进行功能分析

建筑物中有的房间对外来人流联系比较密切频繁，如商店的营业厅、食堂的餐厅等，它需要布置在靠近人流来向，位置明显，出入方便的部位。而有的房间主要是内部活动或内部工作的房间，如厨房、库房等。这些房间应布置在次要部位，避开外来人流干扰（图 2-22）。

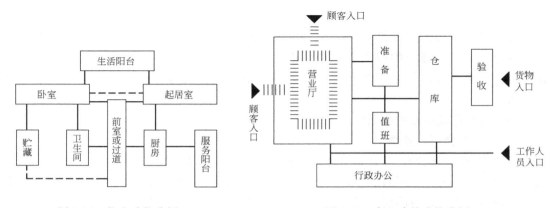

图 2-21　住宅功能分析　　　　　　　图 2-22　商业建筑功能分析

3. 按房间之间联系和分隔程度进行功能分析

例如医院建筑的门诊、住院、辅助医疗和生活服务用房等几部分（图 2-23），其中门诊和住院两部分都和辅助医疗部分（包括化验、理疗、放射、药房等房间）发生密切关系，需要方便的联系。但是门诊比较嘈杂，住院部分要求安静，它们之间要有一定的分隔。

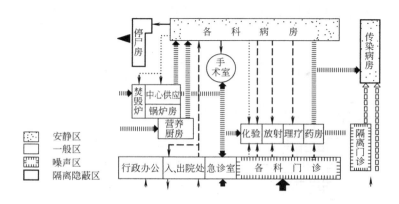

图 2-23　医院组合关系

4. 按房间的使用顺序和交通组织进行功能分析

某些建筑物中，不同使用性质的房间或各部分，在多数情况下，它们的使用过程有一定的先后顺序，流线性较强。如火车站建筑中，旅客进站的流线为：旅客→问讯→售票→候车→检票→站台→上车（图 2-24）。根据流线分析，在空间组合时，就必须很好地研究流线，按流线顺序组织空间。

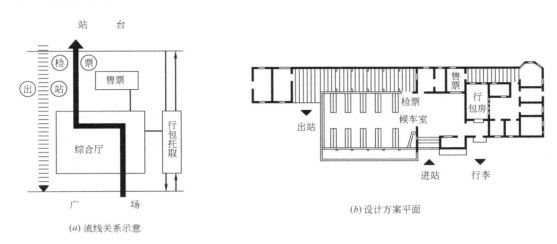

(a) 流线关系示意

(b) 设计方案平面

图 2-24　小型火车站流线关系及平面

（二）结构经济合理

材料、结构和技术条件等是构成建筑空间形式的物质条件和手段，它为建筑空间的组成形式提供了许多可能性，又对建筑空间有着很大的制约作用。结构的合理性还关系到建筑的经济性。因此，在研究建筑空间组合时，不能不对结构和技术等条件予以极大的重视。

（三）设备管线布置简捷集中

民用建筑内，设备管线比较多的房间，如住宅中的厨房、厕所；医院中的手术室、治疗室、辅助医疗室等，这些房间的位置在满足使用要求的同时，应使设备管线尽可能布置得简捷集中。在平面布置时，应尽量将设备管线集中布置；在剖面设计时，应将设备集中的房间叠砌在一起，使设备管线上下对齐。

（四）体型简洁、构图完整

建筑空间组合除受到建筑功能、结构、设备、基地环境等条件的制约外，同时也要注意美观大方的建筑体型和立面。

二、建筑空间组合的形式

功能的合理性，不仅要求每一个房间本身具有合理的空间形式，而且还要求各房间之间必须保持合理的联系。这就是说，作为一幢完整的建筑，其空间组合形式也必须适合于该建筑的功能特点。下面就介绍几种较典型的空间组合形式。

（一）走道式组合

走道式组合的最大特点是：把使用空间和交通联系空间明确分开，这样就可以保证各使用房间的安静和不受干扰。因而如单身宿舍、办公楼、医院、学校、疗养院等建筑，一般都适合于采用这种类型的组合形式（图 2-25）。

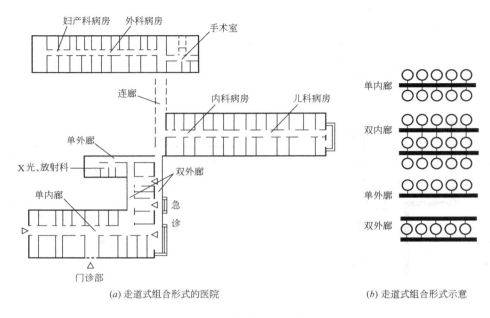

(a) 走道式组合形式的医院　　　　　　(b) 走道式组合形式示意

图 2-25　走道式组合形式

（二）套间式组合

套间式组合形式是空间互相穿套，直接连通的一种空间组合形式。它把使用空间和交通联系空间组合在一起形成整体，如火车站、航空站、展览馆、百货商店等（图 2-26）。其中图 2-26 (a)、(b) 为串联式套间组合，各房间是串联相套；而图 2-26 (c)、(d) 为广厅式套间组合，各房间是通过广厅相套的组合形式。

（三）大厅式组合

大厅式组合形式是以大厅空间的主体为中心，其他次要空间环绕布置四周的组合形式，这种组合形式的特点为：主体空间体量巨大，人流集中，大空间内使用功能具有一定的特点（如具有视、听要求）等。如剧院、电影院、体育馆等建筑类型，多采用这种组合形式（图 2-27）。

（四）单元式组合

单元式组合形式是以某些使用比较密切的房间，组合成比较独立的单元，用水平交通（走道），或者垂直交通（楼梯、电梯）联系各个单元的组合形式，这种组合最大的特点是集中紧凑，宜于保持安静和互不干扰。如图 2-28 所示。这种组合适用于住宅、医院、托幼、学校等类型的建筑。

（五）混合式组合

由于建筑功能复杂多变，除少数功能比较单一的建筑，只需采用一种空间组合形式以外，大多数建筑都是以一种组合形式为主，采用两种或三种类型的混合式空间组合形式（图 2-29）。

随着建筑使用功能的发展和变化，空间组合形式也在不断发展和变化，比如自由灵活分隔空间组合形式及庭院式空间组合形式等。

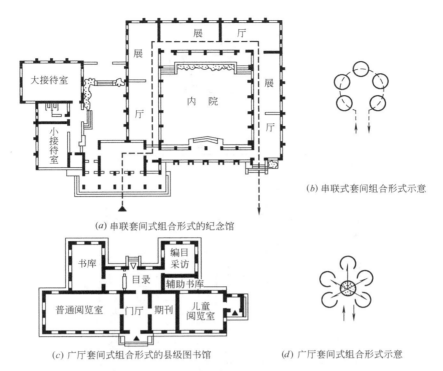

(b) 串联式套间组合形式示意

(a) 串联套间式组合形式的纪念馆

(c) 广厅套间式组合形式的县级图书馆

(d) 广厅套间式组合形式示意

图 2-26　套间式组合形式

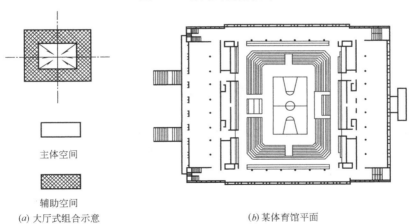

主体空间

辅助空间

(a) 大厅式组合示意

(b) 某体育馆平面

图 2-27　大厅式组合形式

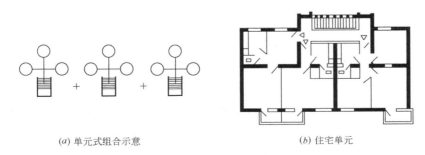

(a) 单元式组合示意

(b) 住宅单元

图 2-28　单元式组合

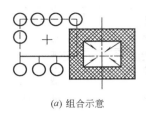

(a) 组合示意

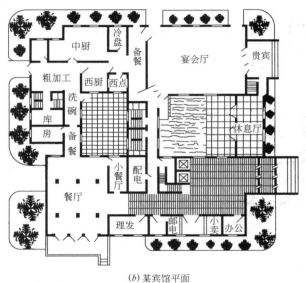

(b) 某宾馆平面

图 2-29 混合式组合

第四节 建筑体型及立面设计

建筑物的体型和立面,即为建筑的外部形象,它是在内部空间及功能合理的基础上,并受物质技术条件和基地环境的影响,对建筑体型及各个立面,按照一定的美学规律加以处理,以求得完美的建筑形象。

一、建筑体型的组合

1. 单一体型

这类建筑的特点是平面和体型都较为单一完整,如正方形、矩形、三角形、圆形等单一几何形体,以等高的处理手法,没有明显的主从关系。单一体型的建筑,很容易给人以统一、完整、简洁、大方、轮廓鲜明和印象强烈的效果(图 2-30)。

2. 单元组合体型

一些按单元设计的建筑,如住宅、学校、医院等,按一定的方法或沿着一定的道路或地形走向形成阶梯式、错落式或错层式的组合。这种组合方式由于体型连续地重复,形成强烈的韵律感,给人以自然平静、亲切和谐的印象,广泛用于山地、丘陵地带以及不规则地段的单元式建筑组合中。这类建筑的处理特点是要求单元本身要有良好的造型及一定数量的重复,形成较强烈的韵律感。一般说来宁多勿少,宁长勿短。图 2-31 为某住宅单元组合体型。

图 2-30 单一体型（某体育馆）

图 2-31 单元组合体型（住宅）

3. 复杂体型

这类体型应运用构图法则进行体型组合处理。一般是将其主要部分、次要部分分别形成主体、附体，突出重点，有中心，主次分明，并将各部分连接得十分巧妙，紧密有序而不是一盘散沙，杂乱无章，勉强生硬地凑合在一起。图 2-32 就是运用构图要点处理体型组合的例子。

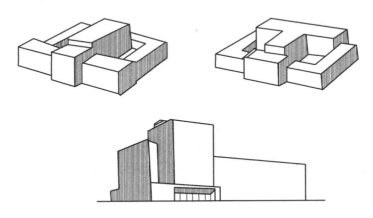

图 2-32 复杂体型

二、立面设计

建筑立面设计包括建筑各个面的设计，它和平面、剖面的设计一样，同样也有使用要求、结构构造等功能和技术方面的问题，但是从房屋的平、立、剖面来看，立面设计中涉及的造型和构图问题通常较为突出，因此我们将结合立面设计内容，着重叙述有关建筑美观的一些问题。

1. 立面的比例和尺度

尺度正确、比例谐调，是使立面完整统一的重要方面。从建筑整体的比例（长、宽、高三个度量上的关系）到立面各部分之间的比例，以及墙面划分直到每一个细部的比例都要仔细推敲，才能使建筑形象具有统一和谐的效果。

2. 立面的虚实与凹凸

建筑立面的构成要素中，窗、空廊、凹进部分以及实体中的透空部分，常给人以通透感，可称之为"虚"；墙、柱、栏板、屋顶等给人以厚重封闭的感觉，可称为"实"。立面设计中对这种虚和实结合功能、结构、材料要求加以巧妙处理，便可获得坚实的外观形象并给人以强烈、深刻的印象。

3. 立面的线条处理

建筑立面上客观存在着各种各样的线条，如檐口、窗台、勒脚、窗、柱、窗间墙等。这些线条的位置、粗细、长短、方向、曲直、繁简、凹凸等不仅客观存在，也能由设计者主观上加以组织、调整，而给人不同的感受。线条从方向变化来看：水平线有舒展、平静、亲切感；竖直线有挺拔、庄重、向上的气氛；曲线有优雅、流动、飘逸感。从线条粗细变化来看：粗线给人以厚重有力感，细线则有精致、轻盈感（图2-33）。

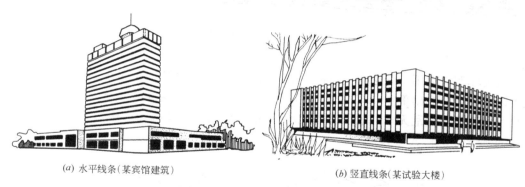

(a) 水平线条（某宾馆建筑）　　　　(b) 竖直线条（某试验大楼）

图 2-33　立面的线条处理

4. 立面色彩与质感

色彩与质感是材料固有的特性。对一般建筑来说，由于其功能、结构、材料和社会经济条件限制，往往主要通过材料色彩的变化使其相互衬托与对比来增强建筑表现力。不同的色彩给人不同的感受，如暖色使人感到热烈、兴奋；冷色使人感到清晰、宁静；浅色给人明快的感受；深色又使人感到沉稳。运用不同的色彩还可以表现出不同的建筑性格、地方特点及民族风格。

材料的质感处理包括两个方面，一方面是利用材料本身的固有特性，如清水墙的粗糙表面、花岗石的坚硬、大理石的纹理、玻璃的光泽等；另一方面是创造某种特殊质感，如仿石、仿砖、仿木纹等。立面设计中利用材料自身特性或仿造某种材料，都是在利用材料的不同质感会给人不同感受这一特点。

5. 立面的重点与细部处理

由于建筑功能和造型的需要，建筑立面中有些部位需要重点处理，这种处理具有画龙点睛的作用，会加强建筑表现力，打破单调感。

建筑立面需要重点处理部位有建筑物主要出入口、楼梯、形体转角及临街立面等，因为这些部位常常是人们视觉重心。重点处理常采用对比手法，使其与主体区分，如采用高低、大小、横竖、虚实、凹凸、色彩、质感等对比。

立面设计中，对于体量较小，人们接近时能看得清的构件与部位的细部装饰等的处理称为细部处理。如漏窗、阳台、檐口、栏杆、雨篷等。这些部位虽不是重点处理部位，但由于其宜人的特定位置，也需要对细部进行设计，否则将使建筑产生粗糙不精细之感，而破坏建筑整体形象。立面中细部处理主要指运用材料色泽、纹理、质感等自身特性来体现出艺术效果。

第三章 民用建筑构造

第一节 概 述

建筑构造是一门专门研究建筑物各组成部分的构造原理和构造方法的学科，是建筑设计不可分割的一部分。其主要任务在于根据建筑物的功能要求、材料供应和施工技术条件，提供合理的、经济的构造方案，以作为建筑设计中综合解决技术问题及进行施工图设计的依据。

一幢建筑，一般是由基础、墙或柱、楼地层、楼梯、屋顶和门窗六大部分组成。本章着重介绍这六大部分的构造。

一、影响建筑构造的因素

（一）外界环境因素的影响

1. 外力作用的影响

作用在建筑物上的各种外力统称为荷载。荷载可分为恒载（如结构自重）和活荷载（如人群、雪荷载、风荷载等）两大类。荷载的大小是建筑结构设计的主要依据，它决定着构件的尺度和用料。而构件的材料、尺寸、形状等又与构造密切相关。

2. 自然气候的影响

太阳的热辐射，自然界的风、霜、雨、雪等，构成了影响建筑物和建筑构件使用质量的多种因素。在进行构造设计时，应采取必要的防范措施。

3. 各种人为因素的影响

人们所从事的生产和生活活动，也往往会造成对建筑物的影响，如机械振动、化学腐蚀、爆炸、火灾、噪声等，都属人为因素的影响。因此在进行建筑构造设计时，必须针对各种有关的影响因素，从构造上采取防振、防腐、防爆、防火、隔声等相应的措施。

（二）物质技术条件的影响

建筑材料和结构等物质技术条件是构成建筑的基本要素。材料是建筑物的物质基础；结构则是构成建筑物的骨架，这些都与建筑构造密切相关。

随着建筑业的不断发展，物质技术条件的改变，新材料、新工艺、新技术的不断涌现，同样也会对构造设计带来很大影响。

（三）经济条件的影响

随着建筑技术的不断发展和人们生活水平的提高，人们对建筑的使用要求，包括居住条件及标准也随之改变。标准的变化势必带来建筑的质量标准、建筑造价等出现较大差别。在这样的前提下，对建筑构造的要求将随着经济条件的改变而发生极大的变化。

二、建筑构造设计的原则

在进行构造设计时，一般应遵循以下原则：

（1）坚固实用：要做到这点，首先在满足功能要求的情况下，合理的确定构造方案。在具体构造上要保证房屋整体刚度和构件之间的连接，做到结构安全而又稳定。

（2）技术先进：在构造设计时，要结合当时当地条件，积极推广先进技术，选择各种高效能材料，应有利于建筑工业化。

（3）经济合理：要结合我国国情和当地情况，做到因地制宜，就地取材，采用地方材料。并尽量利用工业废料，特别是注意节约木材、水泥和钢材三大材料。

（4）美观大方：构造设计应尽量做到美观大方，避免虚假装饰。

第二节 墙体和基础

墙（或柱）与基础是建筑物的重要组成部分。虽然它们各自功能不同，研究方法相异，但在构造上却密切相关。实际上，基础就是墙（或柱）的延伸。

一、墙体的类型及设计要求

（一）墙体的类型

在一幢建筑中，墙因其位置、受力情况、材料和施工方法的不同而具有不同的类型。

按墙在平面中所处的位置分，有内墙和外墙。凡位于建筑物四周的墙称为外墙，其中位于建筑物两端的外墙称为山墙。凡位于建筑物内部的墙称为内墙。另外沿建筑物短轴方向布置的墙称为横墙，沿建筑物长轴方向布置的墙称为纵墙（图3-1）。

按结构受力情况分，有承重墙和非承重墙两种。直接承受上部传来荷载的墙称为承重墙；而不承受外来荷载的墙称为非承重墙。非承重墙有自承重墙和隔墙之分。不承受外来荷载，仅承受自身重量的墙称为自承重墙；而不承受外来荷载，且自身重量由梁或楼板承受，并仅起分隔房间作用的墙称为隔墙。在框架结构中，大多数墙是嵌在框架之间的，称为填充墙。支承或悬挂在骨架上的外墙又称为幕墙。

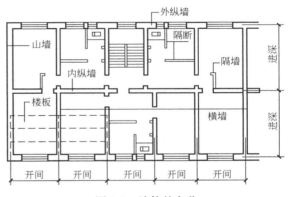

图 3-1 墙体的名称

按墙体所用材料和构造方式分，有实体墙、空体墙和组合墙三种类型。实体墙为一种材料所构成的墙，如普通砖墙、砌块墙等。空体墙也是一种材料所构成的墙，但材料本身具有孔洞或由一种材料组成具有空腔的墙，如空斗墙等。而组合墙则是由两种或两种以上材料组合而成的墙。

（二）墙体的结构布置方案

墙体在结构布置上有横墙承重、纵墙承重、纵横墙混合承重和部分框架承重等几种结构方案。横墙承重就是将楼板、屋面板等沿建筑物纵向布置，两端搁置在横墙上。这时，楼板、屋顶的荷载由横墙承受，这种结构布置称为横墙承重方案。此时，纵墙只起增强纵向刚度、围护和承自重作用。这种方案的优点是：建筑物整体性好，空间刚度大，对抵抗风力、地震作用等水平荷载较为有利〔图3-2（a）〕。

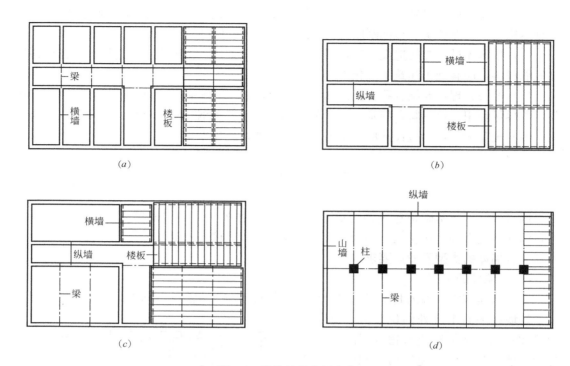

图 3-2 墙体结构布置方案

(a) 横墙承重结构；(b) 纵墙承重结构；(c) 混合承重结构；(d) 部分框架结构

纵墙承重就是将楼板、屋面板沿建筑物横向布置，两端搁在纵向外墙和纵向内墙上。这时，楼板、屋顶荷载均由纵墙承受，这种结构布置称为纵墙承重方案。纵墙承重可以使房间平面布置较为灵活，但房屋刚度较差。适用于需要较大房间的建筑物，如某些教学楼、办公楼等〔图 3-2 (b)〕。

由纵墙和横墙共同承受楼板、屋顶荷载的结构布置称为混合承重方案。这种方案平面布置较灵活，建筑物刚度也好。但板的类型偏多，因板铺设方向不一，施工也较麻烦。这种布置方法适用于开间、进深尺寸变化较多的建筑，如医院、教学楼、办公楼等〔图 3-2 (c)〕。

另外，在结构设计中，有时采用墙体和钢筋混凝土梁、柱组成的框架共同承受楼板和屋顶的荷载。这时梁一端搁在墙上，另一端搁在柱上。这种结构布置称为部分框架或内部框架承重方案。它适合于建筑物内需设置较大空间的情况，如多层住宅的底层商店等〔图 3-2 (d)〕。

（三）墙体的设计要求

1. 具有足够的强度和稳定性，以保证安全。

2. 具有必要的保温、隔热、隔声和防火等性能，以满足建筑物的正常使用，提高使用质量和耐久年限。

3. 合理选择墙体材料和构造方式，以减轻自重、提高功能、降低造价、降低能源消耗和减少环境污染。

4. 适应工业化生产的要求，为生产工业化、施工机械化创造条件，以降低劳动强度，提高施工工效。

二、砖墙构造

（一）材料

砖墙是用砂浆将一块一块砖按一定规律砌筑而成的砌体。其主要材料是砖与砂浆。但在砖墙构造中，还有部分混凝土及钢筋混凝土构件。

1. 砖

砖按照材料和制作方法不同有烧结普通砖、烧结多孔砖、蒸压灰砂砖、蒸压粉煤灰砖等。

烧结普通砖是以黏土、页岩、煤矸石或粉煤灰为主要原料，经焙烧而成的实心或孔洞率不大于规定值且尺寸符合规定的砖。分烧结黏土砖、烧结页岩砖、烧结煤矸石砖、烧结粉煤灰砖等。烧结多孔砖是以黏土、页岩、煤矸石或粉煤灰为主要原料，经焙烧而成、孔洞率不大于35%，孔的尺寸小而数量多，主要用于承重部位的砖。蒸压灰砂砖是以石灰和砂为主要原料，经坯料制备、压制成型、蒸压养护而成的实心砖。蒸压粉煤灰砖是以粉煤灰、石灰为主要原料，掺加适量石膏和集料，经坯料制备、压制成型、高压蒸汽养护而成的实心砖。

砖的强度等级是按砖的抗压强度和抗折强度确定的，分为 MU30、MU25、MU20、MU15、MU10。

标准砖的规格为 240mm×115mm×53mm，以灰缝为 10mm 进行组合时，其长：宽：厚＝250：125：63＝4：2：1。标准砖砌筑的墙体是以 115＋10＝125mm 为其组合模数，这一模数与我国现行的《建筑模数协调统一标准》中的基本模数 1M 和扩大模数 3M 等不协调，给设计和施工等工作造成困难，所以砖的规格有必要加以改革。

2. 砂浆

砂浆是由胶结材料、水以及细骨料组成。常用的胶结材料有各种水泥、石灰、石膏等；细骨料以天然砂使用最多，也有用细的矿渣、石屑等代用的。

按砂浆的用途不同，又可分为砌筑砂浆、抹面砂浆、装饰砂浆和防水砂浆等。

砌筑砂浆常用的有水泥砂浆、石灰砂浆和混合砂浆三种。石灰砂浆由石灰膏、砂加水拌和而成，强度不高，常用于砌筑一般次要的民用建筑中地面以上的砌体；水泥砂浆由水泥、砂加水拌和而成，强度高，较适合于砌筑基础和潮湿环境的砌体；混合砂浆系由水泥、石灰膏、砂加水拌和而成，这种砂浆强度较高，和易性和保水性较好，常用于砌筑地面以上的砌体。

砂浆的强度等级是以抗压极限强度为主要指标划分的，分为 M15、M10、M7.5、M5和 M2.5。

3. 混凝土

混凝土是由胶结材料、粗细骨料和水（或其他液体）按合理的比例混合后硬化而成的人造石材。建筑工程中常用的是普通混凝土。普通混凝土是由水泥、砂子、石子和水组成。常用水泥有硅酸盐水泥、火山灰质硅酸盐水泥、矿渣硅酸盐水泥和混合硅酸盐水泥等。砂一般采用天然砂，有时也用石屑或矿渣屑。常用的石子有天然卵石和人工碎石两大类。拌制和养护混凝土的水，应采用普通自来水或清洁的河水和井水。

抗压强度是混凝土的主要强度指标，它比其他强度高得多，工程中主要是利用其抗压强度。混凝土的强度等级是按其立方体抗压强度标准值划分的，分为 C15、C20、C25、C30、C35、C40、C45、C50、C55、C60、C65、C70、C75 和 C80 共 14 个强度等级。其中，C 表示混凝土，C 后边的数字表示立方体抗压强度的大小（单位：MPa）。

4. 钢筋混凝土

钢筋混凝土是由钢筋和混凝土两种物理力学性能完全不同的材料组成。混凝土的抗压能力较强而抗拉能力很弱，钢筋的抗拉和抗压能力都很强，为了充分发挥材料的性能，就把混凝土和钢筋这两种材料结合在一起共同工作，使混凝土主要承受压力，钢筋主要承受拉力，以满足工程结构的使用要求。

（二）墙体的组砌方式

组砌是指砖块在砌体中的排列。组砌时砖缝必须横平、竖直，错缝搭接。错缝长度通常不应小于 60mm。无论在墙体表面或砌体内部都应遵守这一法则。同时砖缝砂浆必须饱满，薄厚均匀（图 3-3）。当墙面不抹灰作成清水墙面时，组砌还应考虑墙面图案美观。

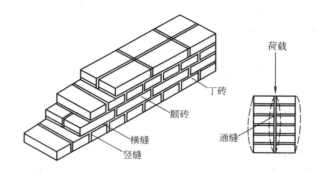

图 3-3　砖砌体的错缝

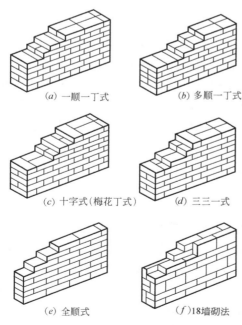

(a) 一顺一丁式　　(b) 多顺一丁式

(c) 十字式（梅花丁式）　　(d) 三三一式

(e) 全顺式　　(f) 18墙砌法

图 3-4　砖墙的组砌方式

砌墙时，错缝的基本方法是将丁砖（指砖的宽度沿墙面）和顺砖（指砖的长度沿墙面）交替砌筑。常用的实体墙组砌方式有一顺一丁式、多顺一丁式、梅花丁式、三三一式、全顺式和两平一侧式（即18墙）（图 3-4）。

（三）砖墙的厚度

砖墙厚度的确定应满足承载能力、保温、隔热、隔声以及防火的要求，并应考虑到砖的规格。用标准砖砌筑的砖墙厚度是按半砖的倍数来确定的，即以 115 + 10 = 125mm 为基础确定的。常见的墙体厚度有以下几种，见表 3-1。

（四）砖墙的细部构造

砖墙的细部构造包括墙脚、窗台、门窗过梁、圈梁等。

1. 墙脚构造

墙厚名称	习惯称呼	实际尺寸 (mm)	墙厚名称	习惯称呼	实际尺寸 (mm)
半砖墙	12墙	115	一砖半墙	37墙	365
3/4砖墙	18墙	178	二砖墙	49墙	490
一砖墙	24墙	240	二砖半墙	62墙	615

墙厚名称　　　　　　　　表 3-1

墙脚通常是指基础以上，室内地面以下的那部分墙身。对砖墙墙脚应着重处理好墙身防潮、增强勒脚耐久性和房屋四周地面排水等细部构造。

（1）墙身防潮

墙身防潮的目的是阻止土壤水分渗入墙体内部。防潮的方法是在墙脚适当部位铺设水平防潮层。水平防潮层的位置一般应在室内地面混凝土垫层高度范围内，约在室内地面标高下一皮砖的位置，同时还应在雨水可能飞溅到墙面的高度以上。通常在高出室外地面100mm 以上并低于室内地面的地方［图 3-5（a）］。当垫层采用松散的透水性材料时，水平防潮层位置应与室内地面标高齐平，或高于室内地面一皮砖的地方［图 3-5（b）］。当室内地面在墙身两侧出现高差时，则应在墙身内设两道水平防潮层，并用垂直防潮层将两道水平防潮层连接成台阶式防潮层，防止土壤中的水汽从地面高的一侧渗入墙体［图 3-5（c）］。

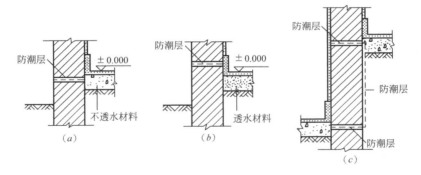

图 3-5　墙身防潮层位置

墙身防潮层的构造做法有以下几种（图 3-6）：①1：2 水泥砂浆加入水泥重量的3％～5％的防水剂，厚度为 20～25mm；②在细石混凝土中配置 3ϕ6 或 3ϕ8 钢筋，厚度为60mm；③在 10～15mm 厚的 1：3 水泥砂浆找平层上铺防水卷材一层。第三种做法由于卷材夹在砖墙内，削弱了砖墙的整体性，故在有强烈震动的建筑物和刚度要求较高的建筑中，以及地震区均不宜采用。

水平防潮层标高处如为钢筋混凝土圈梁或为吸水性小的毛石砌体时，也可不设水平防潮层。

（2）勒脚

建筑物四周与室外地面接近的那部分墙体称为勒脚。它不但受到地基土壤水气的侵袭，而且飞溅的雨水、地面积雪和外界机械作用力也对它产生危害作用，所以除要求设置墙身防潮层外，还应特别加强勒脚的坚固耐久性。通常的做法有三种（图 3-7）。

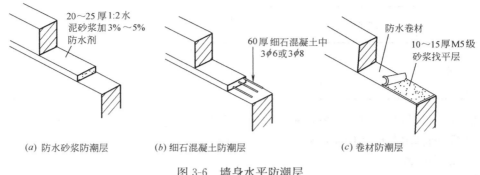

(a) 防水砂浆防潮层　　　(b) 细石混凝土防潮层　　　(c) 卷材防潮层

图 3-6　墙身水平防潮层

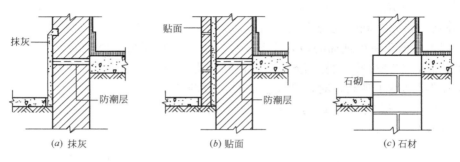

(a) 抹灰　　　　　　　(b) 贴面　　　　　　　(c) 石材

图 3-7　勒脚做法

勒脚墙的高低、形式、质地、色彩等，可结合建筑的造型要求进行设计。

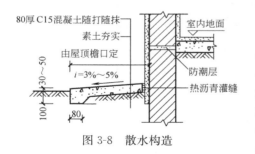

图 3-8　散水构造

（3）散水和明沟

为了防止雨水对墙基的侵蚀，常在外墙四周将地面做成向外倾斜的坡面，以便将雨水排至远处，这一坡面称散水或护坡。散水宽度一般为 600～1000mm，并要求比屋顶挑檐宽 200mm。散水应向外设 3%～5% 的排水坡度。散水做法通常有砖铺散水、块石散水、三合土散水、混凝土散水等（图 3-8）。

为了排除屋面雨水，可在建筑物外墙四周或散水外缘设置明沟。明沟断面根据所用材料的不同作成矩形、梯形和半圆形。明沟底面应有不小于 1% 的纵向排水坡度，使雨水顺畅地流至窨井。明沟有多种构造做法，如砖砌明沟、石砌明沟、混凝土明沟等（图 3-9）。

2. 窗台

窗台的作用是将窗面上流下的雨水排除，防止污染墙面。窗台的长度根据立面设计而定。

窗台的构造做法通常有砖砌窗台和预制混凝土窗台两种。砖砌窗台可平砌或侧砌，一般向外挑 1/4 砖。窗台表面宜用 1:3 水泥砂浆抹面，表面做流水坡度，挑砖下缘做滴水槽 ［图 3-10 (a)、(b)］。预制混凝土窗台具有施工安装迅速的优点，适宜于工业化施工

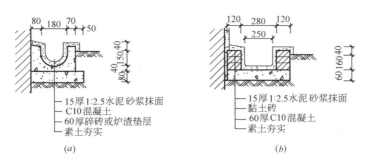

80 180 70 50
40 150 40
80

— 15厚1:2.5水泥砂浆抹面
— C10混凝土
— 60厚碎砖或炉渣垫层
— 素土夯实

(a)

120 280 120
250
60 160 40

— 15厚1:2.5水泥砂浆抹面
— 黏土砖
— 60厚C10混凝土
— 素土夯实

(b)

图 3-9　明沟

(a) 混凝土明沟；(b) 砖砌明沟

[图 3-10（c）]。

在内墙上的窗户，窗面上没有雨水流下，不必将窗台挑出，在走廊、楼梯间交通频繁的地方，窗台外挑还会占据有效空间，妨碍家具搬运和人行交通［图 3-10（d）]。

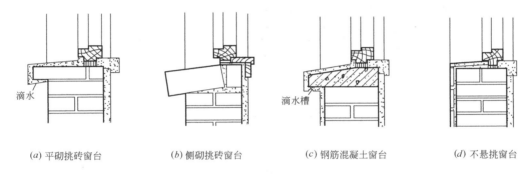

滴水

滴水槽

(a) 平砌挑砖窗台　　　　(b) 侧砌挑砖窗台　　　　(c) 钢筋混凝土窗台　　　　(d) 不悬挑窗台

图 3-10　窗台构造

3. 门窗过梁

过梁是用来支承门窗洞口上部砖砌体和楼板层荷载的构件。其做法常用的有三种：即平拱砖过梁、钢筋砖过梁和钢筋混凝土过梁。

（1）平拱砖过梁

平拱砖过梁是用砖立砌或侧砌成对称于中心而倾向两边的拱（图 3-11）。砌筑时将灰缝做成上宽下窄，同时将中部砖块提高约为跨度的 1/50，即所谓起拱，待受力下陷后即成水平。用竖砖砌筑部分的高度不应小于 240mm，适用于不大于 1.2m 的门窗洞口。

（2）钢筋砖过梁

钢筋砖过梁是在平砌的砖缝中配置适量的钢筋，形成可以承受弯矩的加筋砖砌体（图 3-12）。钢筋砖过梁的高度不小于 5 皮砖，且不小于门窗洞口宽度的 1/4。砌体砂浆不小于 M5 级，钢筋不小于 $\phi6$，间距不大于 120mm，钢筋伸入支承砌体内的长度不小于 240mm，砂浆层的厚度不宜小于 30mm。钢筋砖过梁的外观与墙体其他部位相同，当采用清水墙面时，可以取得整齐统一的效果，钢筋砖过梁适用于不大于 1.5m 的门窗洞口。

（3）钢筋混凝土过梁

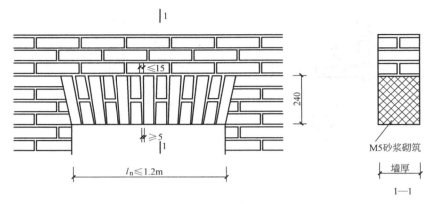

图 3-11 平拱砖过梁

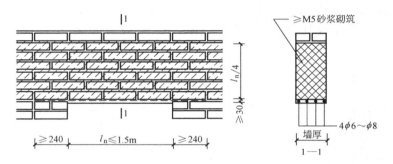

图 3-12 钢筋砖过梁

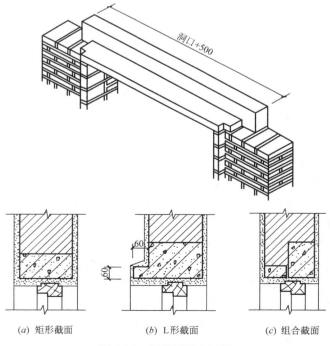

(a) 矩形截面　(b) L形截面　(c) 组合截面

图 3-13 钢筋混凝土过梁

钢筋混凝土过梁坚固耐久，并可预制装配，加快施工进度，所以目前应用很普遍。过梁高度为 60mm 的倍数，过梁宽度应同砖墙厚度相等，常用高度为 60、120、180、240mm，过梁长度为洞口宽度加 500mm，也就是每端伸入侧墙不小于 240mm。

过梁截面形式有矩形和 L 形，有时为了施工方便，提高装配式过梁的适用性，可采用组合式过梁（图 3-13）。

为了简化构造，节约钢材水泥，常常将过梁与圈梁、门上的雨篷、窗上的窗眉板或遮阳板等结合起来设计，见图 3-14。

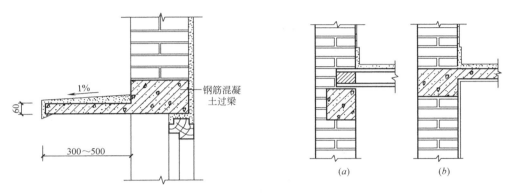

图 3-14　带窗眉板的钢筋混凝土过梁　　　　　　图 3-15　钢筋混凝土圈梁

4. 圈梁

圈梁是在房屋外墙和部分内墙中设置的连续而封闭的梁。圈梁的主要作用是增强房屋的整体刚度，减少地基不均匀沉降引起的墙体开裂，提高房屋的抗震能力。

圈梁的构造做法有两种：钢筋混凝土圈梁和钢筋砖圈梁。钢筋混凝土圈梁的截面高度不小于 120mm，一般采用 180mm，宽度可与砖墙厚度相同，寒冷地区可比墙厚略小一些，当墙厚不小于 240mm，圈梁宽度不宜小于墙厚的 2/3，[图 3-15（a）、（b）]。钢筋砖圈梁的高度一般为 4～6 皮砖，宽度与墙厚相同，用不低于 M5 级的砂浆砌筑，具体做法见图 3-16。

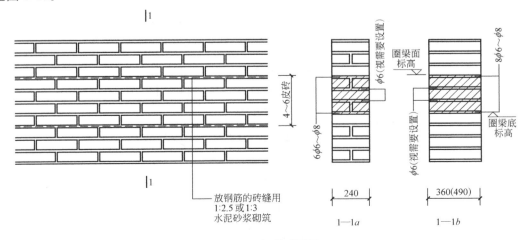

图 3-16　钢筋砖圈梁

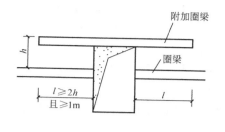

图 3-17 附加圈梁示意

当圈梁被门窗洞口切断而不能交圈时，应在洞口上部砌体中设置一道截面不小于圈梁的附加圈梁。附加圈梁的搭接长度 l 应不小于 $2h$，且不小于 1.0m（图 3-17）。

三、隔墙与隔断

（一）隔墙

隔墙是用来分隔建筑物室内空间的非承重构件。它不承受任何外来荷载，其本身的重量由楼板或小梁承担。设计时应尽可能使其自重轻、厚度薄，并具有一定的隔声能力。为能灵活地分隔空间，隔墙应设计成易于拆装且不损坏其他构件的构造形式。对于有特殊要求的房间，隔墙的防潮、防火等性能可视具体情况予以满足。常见的隔墙有块材砌筑隔墙、轻骨架隔墙和条板隔墙几种。

1. 砌筑隔墙

砌筑隔墙包括砖隔墙和砌块隔墙等。

砖隔墙有半砖隔墙和 1/4 砖隔墙之分，其构造如图 3-18 所示。对于半砖墙，当采用 M2.5 级砂浆砌筑时，其高度不宜超过 3.6m，长度不宜超过 5m，当采用 M5 级砂浆砌筑时，高度不宜超过 4m，长度不宜超过 6m，在构造上除砌筑时应与承重墙牢固搭接外，还应在墙身每隔 1.2m 高加 2φ6 拉结钢筋予以加固。

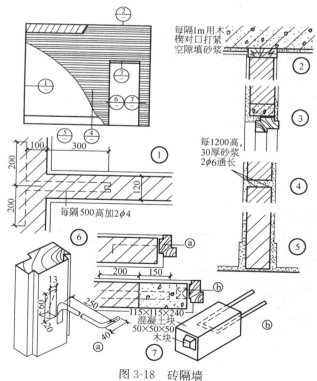

图 3-18 砖隔墙

对 1/4 砖墙，高度不应超过 3m，宜用 M5 级砂浆砌筑，一般多用于厨房与卫生间之间的隔墙。由于墙体较薄，除墙身必须加固外，一般不宜用于有门窗的部位。

砌块隔墙常采用粉煤灰硅酸盐、加气混凝土、混凝土或水泥煤渣空心砌块等砌筑。墙厚由砌块尺寸而定，一般为90～120mm。由于墙体稳定性较差，亦需对墙身进行加固处理，通常沿墙身竖向和横向配以钢筋（图3-19）。

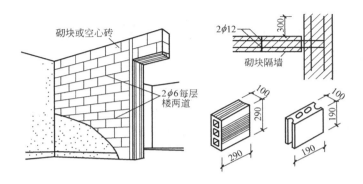

图 3-19　砌块隔墙

2. 轻骨架隔墙

轻骨架隔墙有木筋骨架隔墙和轻钢骨架隔墙两类。

（1）木筋骨架隔墙

木筋骨架隔墙常见的有灰板条隔墙、装饰板隔墙和镶板隔墙等。由于它们自重轻、构造简单，故应用较广。隔墙构造包括骨架和饰面两部分。

木骨架由上槛、下槛、墙筋、斜撑或横挡等构成，墙筋靠上、下槛固定。上、下槛及

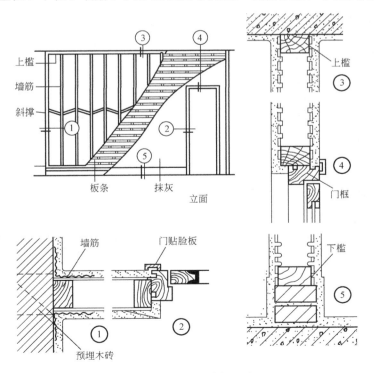

图 3-20　灰板条抹灰隔墙

墙筋截面为 50mm×75mm 或 50mm×100mm。墙筋之间沿高度方向每隔 1.2m 左右设一道斜撑或横挡，其截面与墙筋相同，也可略小于墙筋。墙筋与横挡的间距视饰面材料而定，即要求与饰面材料规格相适应，通常取 400～600mm。隔墙饰面系在木骨架上铺饰各种饰面材料，包括灰板条抹灰、装饰吸声板、钙塑板、纸面石膏板、水泥刨花板、水泥石膏板以及各种胶合板、纤维板等。图 3-20 为灰板条抹灰隔墙构造。

（2）轻钢骨架隔墙

轻钢骨架隔墙是在金属骨架外铺钉面板而制成的隔墙。骨架由各种形式的薄壁型钢加工而成（图 3-21）。钢板厚 0.6～1.0mm，经冷压成型为槽钢截面，其尺寸为 100mm×50mm×(0.6～1.0)mm。骨架包括上槛、下槛、墙筋和横档。

面板多为胶合板、纤维板、石膏板和石棉水泥板等，面板用镀锌螺钉、自攻螺钉、膨胀铆钉或金属夹子固牢在骨架上。

3. 板材隔墙

板材隔墙系指采用各种轻质材料制成的各种预制薄型板材而安装成的隔墙。常见的板材有加气混凝土条板、石膏条板、碳化石灰板、石膏珍珠岩板以及各种复合板等。

在固定、安装条板时，在板的下面用木楔将条板楔紧，而条板左右主要靠各种粘结砂浆或胶粘剂进行粘结，待安装完毕，再在表面进行装修（图 3-22）。

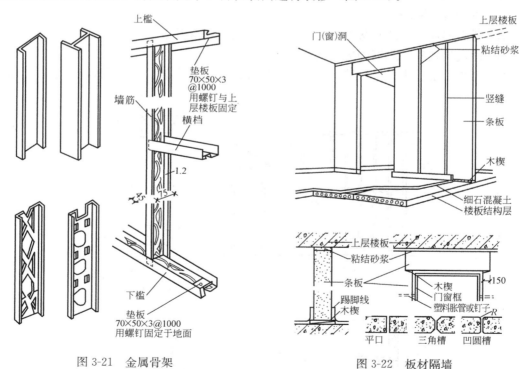

图 3-21　金属骨架　　　　　　　　图 3-22　板材隔墙

（二）隔断

隔断系指分隔室内空间的装饰构件。隔断的形式很多，常见的有屏风式隔断、漏空式隔断、玻璃隔断等。

1. 屏风式隔断

屏风式隔断通常是不隔到顶，使空间通透性强。隔断与顶棚保持一段距离，起到分隔空间和遮挡视线的作用，常用于办公室、餐厅、展览馆以及门诊部的诊室等公共建筑中。厕所、淋浴间等也多采用这种形式。隔断高一般为1050～1800mm。

从构造上，屏风式隔断有固定式和活动式两种。固定式构造又可有立筋骨架式和预制板式之分。预制板式隔断借预埋铁件与周围墙体、地面固定。而立筋骨架式屏风隔断则与隔墙相似，它可在骨架两侧铺钉面板，亦可镶嵌玻璃。玻璃可以是磨砂玻璃、彩色玻璃、棱花玻璃等。骨架与地面的固定方式见图3-23。

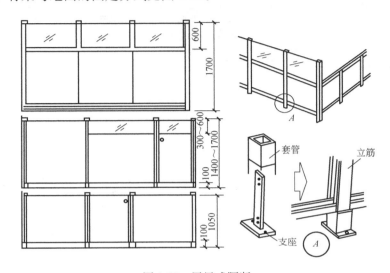

图 3-23　屏风式隔断

2. 漏空式隔断

漏空花格式隔断是公共建筑门厅、客厅等处分隔空间常用的一种形式，有竹、木制的，也有混凝土预制构件的，形式多样（图3-24）。

隔断与地面、顶棚的固定也依材料不同而变化，可以用钉、焊等方式连接。

3. 玻璃隔断

玻璃隔断有玻璃砖隔断和空透式隔断两种。玻璃砖隔断系采用玻璃砖砌筑而成，既分隔空间又透光，常用于公共建筑的接待室、会议室等处。玻璃砖有凹形和空心两类。凹形玻璃砖规格为 220mm×220mm×50mm、203mm×203mm×50mm、148mm×148mm×42mm 等；空心玻璃砖的规格为 240mm×240mm×80mm、190mm×190mm×80mm 等。玻璃砖的侧面有三角形斜槽，以便砌筑时嵌入砂浆。当砌筑面积较大时，在拼接的纵、横向斜槽内均拉结通长钢筋，以增加墙身稳定性，其钢筋必须与隔

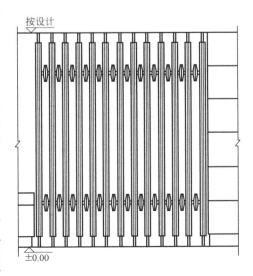

图 3-24　漏空式隔断

断周围的墙或柱、梁连结在一起（图 3-25）。

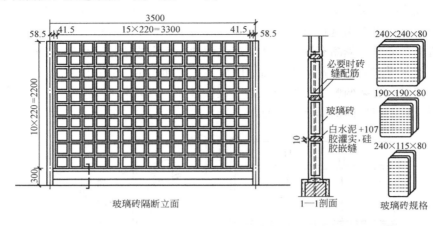

图 3-25　玻璃砖隔断

四、墙面装修

墙面装修包括外墙面装修和内墙面装修两大类型。

外墙面装修的作用主要是保护墙体不受外界侵袭的影响；弥补和改善墙体在功能方面的不足；提高墙体防潮、防风化、保温、隔热以及耐大气污染能力，使之坚固耐久，延长使用寿命；同时通过饰面的质感、线型及色彩以增强建筑物的艺术效果。内墙面装修的主要作用在于保护墙体，改善室内卫生条件，提高墙身的保温、隔热和隔声性能以及房间的采光效能，且增加室内美观。对于一些有特殊要求的房间如浴厕、实验室等，还应根据其需要，选用不同的饰面材料来满足防潮、防水、防尘、防腐蚀、防辐射等方面的要求。

由于材料和施工方式的不同，常见的墙面装修可分为抹灰类、贴面类、涂料类、裱糊类和铺钉类等五类，见表 3-2。另外，随着国民经济和建筑事业的发展，对建筑装饰工程的要求越来越高，一些特种装饰已逐渐被人们所接受，如玻璃幕墙等。下面我们依次做一些介绍。

墙面装修分类 表 3-2

类　别	外墙面装修	内墙面装修
抹灰类	水泥砂浆、混合砂浆、聚合物水泥砂浆、拉毛、水刷石、干粘石、斩假石、拉假石、假面砖、喷涂、滚涂等	纸筋灰、麻刀灰粉面、石膏粉面、膨胀珍珠岩灰浆、混合砂浆、拉毛、拉条等
贴面类	外墙面砖、陶瓷锦砖（马赛克）、玻璃锦砖、人造水磨石板、天然石板等	釉面砖、人造石板、天然石板等
涂料类	石灰浆、水泥浆、溶剂型涂料、乳液涂料、彩色胶砂涂料、彩色弹涂等	大白浆、石灰浆、油漆、乳胶漆、水溶性涂料、彩色弹涂等
裱糊类	—	塑料墙纸、金属面墙纸、木纹壁纸、花纹玻璃纤维布、纺织面墙纸及锦缎等
铺钉类	各种金属饰面板、石棉水泥板、玻璃等	各种木夹板、木纤维板、石膏板及各种装饰面板等

（一）抹灰类墙面装修

抹灰又称粉刷，是由水泥、石灰膏等胶结材料加入砂或石渣，再与水拌和成砂浆或石渣浆抹到墙面上的一种操作工艺。属湿作业范畴，是一种传统的墙面装修。

墙面抹灰有一定的厚度，外墙抹灰一般为 20～25mm；内墙抹灰为 15～20mm。为保证抹灰牢固，平整，颜色均匀和面层不开裂、脱落，施工时须分层操作，且每层不宜抹得太厚。常见外墙抹灰分三层（图 3-26），即底层（又叫刮糙）、中层和面层（又叫罩面）。底层主要起粘结和初步找平作用；中层主要起进一步找平作用；面层的主要作用使表面光洁、美观，以取得良好的装饰效果。

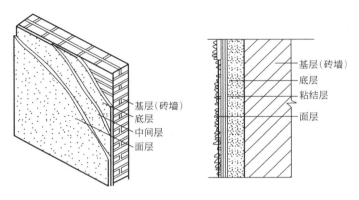

图 3-26　外墙抹灰的分层构造

抹灰按质量要求有三种标准，即：

普通抹灰：一层底灰，一层面灰。

中级抹灰：一层底灰，一层中灰，一层面灰。

高级抹灰：一层底灰，数层中灰，一层面灰。

根据面层材料的不同，常见的抹灰装修构造，包括分层厚度、用料比例以及适用范围见表 3-3。

常用抹灰做法举例（mm）　　　　　　　　　　　　　　表 3-3

抹灰名称	构造及材料配合比	适用范围
纸筋（麻刀）灰	12～17 厚 1：2～1：2.5 石灰砂浆（加草筋）打底 2～3 厚纸筋（麻刀）灰粉面	普通内墙抹灰
混合砂浆	12～15 厚 1：1：6 水泥、石灰膏、砂、混合砂浆打底 5～10 厚 1：1：6 水泥、石灰膏、砂、混合砂浆粉面	外墙、内墙均可
水泥砂浆	15 厚 1：3 水泥砂浆打底 10 厚 1：2～1：2.5 水泥砂浆粉面	多用于外墙或内墙受潮侵蚀部位
水刷石	15 厚 1：3 水泥砂浆打底 10 厚 1：1.2～1.4 水泥石渣抹面后水刷	用于外墙
干粘石	10～12 厚 1：3 水泥砂浆打底 7～8 厚 1：0.5：2 外加 5％108 胶的混合砂浆粘结层 3～5 厚彩色石渣面层（用喷或甩方式进行）	用于外墙
斩假石	15 厚 1：3 水泥砂浆打底 刷素水泥浆一道 8～10 厚水泥石渣粉面 用剁斧斩去表面层水泥浆或石尖部分使其显出凿纹	用于外墙或局部内墙
水磨石	15 厚 1：3 水泥砂浆打底 10 厚 1：1.5 水泥石渣粉面、磨光、打蜡	多用于室内潮湿部位

（二）贴面类墙面装修

贴面类装修主要指采用各种人造板和天然石板粘贴于墙面的一种饰面装修。常见的贴面材料有陶瓷砖、陶瓷锦砖及玻璃锦砖等制品；水刷石、水磨石等预制板以及花岗岩、大理石等天然石板。其中质感细腻的瓷砖、大理石板等常用作室内装修；而质感粗犷的外墙面砖、花岗石板等多用于室外装修。现以瓷砖和面砖贴面构造为例说明。

瓷砖是一种表面挂釉的薄板状的精瓷制品，俗称瓷片。釉面有白色和其他各种颜色，也有各种花纹图案的，多用于内墙面装修。

面砖有釉面砖（俗称彩釉砖）和无釉面砖两种。彩釉面砖色彩艳丽，装饰性强，有白、棕、咖啡、黑、天蓝、绿和黄等颜色。无釉砖有棕色、天蓝色、绿色和黄色。

面砖作为外墙面装修，其构造多采用 10～15mm 厚 1∶3 水泥砂浆打底，5mm 厚 1∶3 水泥砂浆粘结层，然后粘贴各类装饰材料。如果粘结层内掺入 10% 以下的 108 胶时，其粘贴层厚可减为 2～3mm 厚，在外墙面砖之间粘贴时留出约 13mm 缝隙，以增加材料的透气性〔图 3-27（b）〕。作为内墙面装修，其构造多采用 10～15mm 厚 1∶3 水泥砂浆或 1∶3∶9 水泥、石灰膏、砂浆打底，8～10mm 厚 1∶0.3∶3 水泥、石灰膏砂浆粘结层，外贴瓷砖〔图 3-27（a）〕。

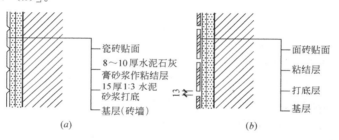

图 3-27　瓷砖、面砖贴面
（a）瓷砖贴面；（b）面砖贴面

（三）涂料类墙面装修

涂料系指涂敷于物体表面后能与基层有很好粘结，从而形成完整牢固保护膜的面层物质。这种物质对被涂物体有保护、装饰作用。

涂料按其主要成膜物的不同，可分为无机涂料和有机涂料两大类。

无机涂料包括石灰浆涂料、大白浆涂料（又称胶白）等。随着高分子材料在建筑上的广泛应用，近年来无机高分子涂料也在不断发展，常见的有 JH80-1 型、JH80-2 型无机高分子涂料以及 JHN84-1 型、F832 型、LH-82、HT-1 型等建筑涂料。

有机涂料依其主要成膜物质和稀释剂的不同可分为溶剂型涂料（如外墙涂料）、水溶性涂料（如 106 内墙涂料）和乳胶涂料（如氯——偏乳胶涂料）三种类型。

此外，利用合成树脂乳液为胶粘剂，加入填料、颜料以及骨料等配制而成的彩色胶砂涂料，是近年来发展的一种外墙饰面材料，用以取代水刷石、干粘石之类的装修。

墙面涂料装修多以抹灰为基层，在其表面进行涂饰。内墙基层有纸筋灰粉面和混合砂浆抹面两种；外墙基层主要是混合砂浆抹面和水泥砂浆抹面两种。涂料涂饰可分为粉刷和喷涂两类，使用时应根据涂料的特点以及装修要求不同予以考虑。

（四）裱糊类墙面装修

裱糊类装修是将各种装饰性的墙纸、墙布、织锦等卷材类的装饰材料裱糊在墙面上的一种装修饰面。目前国内使用最广的有塑料墙纸、玻璃纤维花纹布等。

1. PVC（聚氯乙烯）塑料墙纸

塑料墙纸又称壁纸，由面层和衬底层所组成。面层和底层可以剥离。面层以聚氯乙烯塑料薄膜或发泡塑料为原料，经配色、喷花等工序与衬底复合制成。

墙纸的衬底层大体分纸底与布底两类，纸底成型简单，价格低廉，但抗拉性能较差；布底则具有较好的抗拉能力，较适宜于可能出现微小裂隙的基层上，在受到撞击时不易破损，但其价格较高。

2. 纺织物面墙纸与墙布

常用的纺织物类墙纸有复合墙纸和无衬底的玻璃纤维墙布。

墙纸的裱贴主要是在抹灰基层上进行的，因而要求基底平整、致密，对不平的基层需用腻子刮平。墙纸一般采用 108 胶与羧甲基纤维素配制的粘结剂来粘贴，亦有采用 8504 和 8505 粉末墙纸胶的。而粘贴玻璃纤维布可采用 801 墙布粘合剂，它属于醋酸乙烯树脂类粘结剂，系配套专用产品。在粘贴具有对花要求墙纸时，在裁剪尺寸上，其长度需放出 100～150mm，以适应对花粘贴的要求。

（五）钉铺类墙面装修

钉铺类装修亦称镶板类装修，系指采用各种人造薄板或金属薄板借助镶钉对墙面进行的装饰处理，可节省劳动力，提高施工工效（图 3-28）。

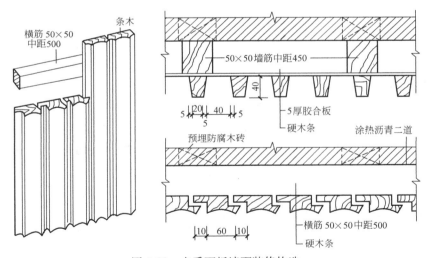

图 3-28 木质面板墙面装修构造

（六）玻璃幕墙

玻璃幕墙是一种现代的建筑墙体装饰方法，它轻巧、晶莹，具有透射和反射性质，可以创造出明亮的室内光环境、内外空间交融的效果，还可反映出周围各种动和静的物体形态，具有十分诱人的魅力，它同时还承担着墙体的功能。

玻璃幕墙从大的方面说包括两部分，一是饰面的玻璃，二是固定玻璃的框架。目前用于玻璃幕墙的玻璃，主要有热反射玻璃（俗称镜面玻璃）、吸热玻璃（亦称染色玻璃）、双层中空玻璃及夹层玻璃、夹丝玻璃等品种。另外，各种无色或着色的浮法玻璃也常被采用。玻璃幕墙的框架多采用经特殊挤压成型工艺而制成的各种铝合金型材以及用于连接与固定的各种规格的连接件和紧固件。

幕墙装配时，先把骨架通过连接件安装在主体结构上，然后将玻璃镶嵌在骨架的凹槽内，周边缝隙用密封材料处理。为排除因密封不严而流入槽内的雨水，骨架横档支承玻璃

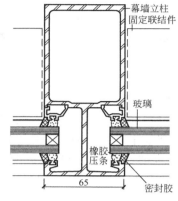

图 3-29 双层中空玻璃在立柱上的安装构造

的部位做成倾斜状，外侧用一条铝合金盖板封住（图 3-29）。下面介绍几种常见的幕墙结构类型：

1. 型钢框架体系

这种结构体系是以型钢做幕墙的骨架，将铝合金框与骨架固定，然后再将玻璃镶嵌在铝合金框内；但也可不用铝合金框，而完全用型钢组成玻璃幕墙的框架，如以钢窗料为框架做成的幕墙即属此类。

2. 铝合金型材框架体系

这种结构体系是以特殊截面的铝合金型材作为玻璃幕墙的框架，玻璃镶嵌在框架的凹槽内。

3. 不露骨架结构体系

这种结构体系是玻璃直接与骨架连结，外面不露骨架。这种类型的幕墙，最大特点在于立面既不见骨架，也不见窗框。因此，在造价方面占有优势，这种结构是目前幕墙结构形式的一个发展方向之一（图 3-29）。

4. 没有骨架的玻璃幕墙体系

这种体系，玻璃本身既是饰面构件，又是承重构件，所使用的玻璃，多为钢化玻璃和夹层钢化玻璃。

五、基础与地下室

（一）基础的作用及其与地基的关系

在建筑工程中，建筑物与土层直接接触的部分称为基础。支承建筑物重量的土层叫地基。基础是建筑物的组成部分，它承受着建筑物的全部荷载，并将它们传给地基。而地基则不是建筑物的组成部分，它只是承受建筑物荷载的土层。

地基有天然地基和人工地基之分。凡天然土层具有足够的承载能力，不须经人工改善或加固便可作为建筑物地基者称天然地基。当建筑物上部的荷载较大或地基的承载能力较弱，缺乏足够的稳定性，须预先对土层进行人工加固后才能作为建筑地基者称人工地基。人工加固地基通常采用压实法、换土法和打桩法。

（二）基础的埋置深度

室外设计地面至基础底面的垂直距离称为基础的埋置深度，简称基础的埋深，见图 3-30。建筑物上部结构荷载的大小、地基土质好坏、地下水位的高低、土的冰冻深度以及新旧建筑物的相邻交接关系等均影响着基础的埋深。一般要求基础底面做在地下水位以上、冰冻线以下。根据基础埋置深度的不同，有深基础、浅基础和

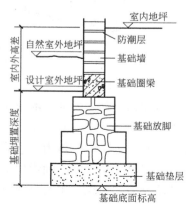

图 3-30 基础的埋置深度

不埋基础之分。埋深大于4m的称深基础；埋深小于4m的称浅基础；当基础直接做在地表面上时，称不埋基础。从经济和施工角度考虑，对一般民用建筑，基础应尽量考虑设计浅埋基础，但最小埋深不应小于0.5m。

（三）基础的类型与构造

基础的类型很多，主要按上部结构形式、荷载大小及地基情况确定。

基础按使用的材料可分为灰土基础、砖基础、毛石基础、混凝土基础和钢筋混凝土基础。

按埋置深度可分为浅基础、深基础和不埋基础。

按受力性能可分为刚性基础和柔性基础。

按构造形式可分为条形基础、独立基础、满堂基础和桩基础。

1. 条形基础

当建筑物采用砖墙承重时，墙下基础常连续设置，形成通长的条形基础。

（1）刚性基础

刚性基础是指用抗压强度较高，而抗弯和抗拉强度较低的材料建造的基础。所用材料有混凝土、砖、毛石、灰土、三合土等（图3-31），截面形式有矩形、阶梯形、锥形等。

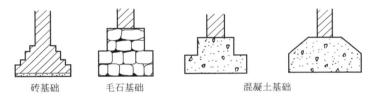

砖基础　　毛石基础　　混凝土基础

图 3-31　刚性基础

根据刚性材料受力的特点，基础在传力时只能在材料的允许范围内控制，这个控制范围的夹角称为刚性角，用 α 表示 [图3-32 (a)]。在这种情况下，基础底面不产生拉应力，基础也不致破坏。如果基础底面宽度超过了刚性角的控制范围，即由 B_0 增大至 B_1，这时由于地基反作用力的原因，使基础底面产生拉应力而破坏 [图3-32 (b)]。所以，刚性基础底面宽度的增大要受到刚性角的限制。不同材料基础的刚性角是不同的，通常砖、石基础的刚性角控制在26°～32°之间为好，混凝土基础应控制在45°以内。

（2）柔性基础

用抗拉和抗弯强度都很高的材料建造的基础称为柔性基础，一般用钢筋混凝土制作

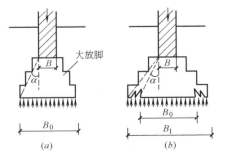

图 3-32　刚性基础的受力、传力特点

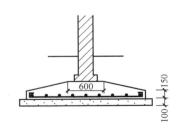

图 3-33　钢筋混凝土基础

（图 3-33）。柔性基础不受刚性角的限制，挑出部分可按需要加长，可减少基础高度和自重。

2. 独立基础

当建筑物上部为框架结构或单独柱子时，常采用独立基础［图 3-34（a）］，若柱子为预制时，则采用杯形基础形式［图 3-34（b）］。

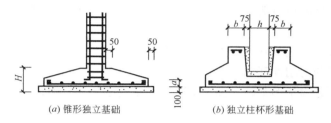

(a) 锥形独立基础　　　(b) 独立柱杯形基础

图 3-34　独立基础

3. 满堂基础

当上部结构传下的荷载很大、地基承载力很低、独立基础（或条形基础）不能满足地基要求时，常将整个建筑物的下部做成整块钢筋混凝土基础，称为满堂基础。按构造又可分为筏板基础和箱形基础两种。

（1）筏板基础

筏板基础指埋在地下的连片基础。在构造上像倒置的钢筋混凝土楼盖，分为梁板式（图 3-35）和板式两种。

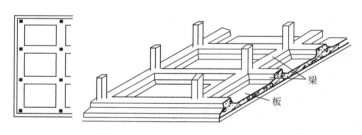

图 3-35　筏板基础

（2）箱形基础

当筏板基础埋深较大，并设有地下室时，为了增加基础的刚度，将地下室的底板、顶板和墙浇制成整体箱形基础。基础的内部空间构成地下室，它具有较大的强度和刚度，多用于高层建筑（图 3-36）。

4. 桩基础

当建造比较大的工业与民用建筑时，若地基的土层较弱较厚，采用浅埋基础不能满足地基强度和变化要求，做其他人工地基没有条件或不经济时，常采用桩基。桩基的作用是将荷载通过桩传给埋藏较深

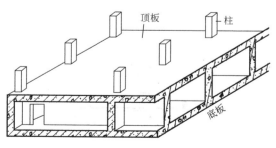

图 3-36　箱形基础

的坚硬土层，或通过桩周围的摩擦力传给地基。前者称为端承桩，后者称为摩擦桩。

目前，桩广泛采用混凝土或钢筋混凝土制作。按施工方法可分为预制桩和灌注桩（图3-37）两大类。灌注桩又可分为振动灌注桩、钻孔灌注桩和爆扩灌注桩三种。

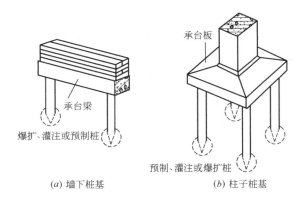

(a) 墙下桩基   (b) 柱子桩基

图 3-37 桩基础

（四）地下室的防潮与防水

地下室是建筑物中处于室外地面以下的房间，可以设一层、两层或多层。地下室地坪面低于室外地坪面的高度超过该房间净高 1/3，且不超过 1/2 者，称为半地下室；给排水工程中，由于生产工艺的要求，泵站设计常采用地下室或半地下室的建筑形式。当超过该房间净高 1/2 者，则称全地下室。

地下室的侧墙和底板处于地面以下，经常受到下渗的地面水、土层中的潮气和地下水的侵蚀，因此，防潮、防水问题是地下室构造中必须解决的重要问题。

1. 地下室防潮

当设计最高地下水位低于地下室地坪且无滞水可能时，地下水不会直接侵入地下室，地下室外墙和底板只受到土层中潮气的影响，这时，一般只做防潮处理。其构造是在地下室外墙外面设置防潮层。具体做法为：在外墙外侧先抹 20mm 厚 1：2.5 水泥砂浆（高出散水 300mm 以上），然后涂冷底子油一道和热沥青两道（至散水底），最后在其外侧回填隔水层。常用黏土或 2：8 灰土，其宽度不少于 500mm。同时，再在地下室顶

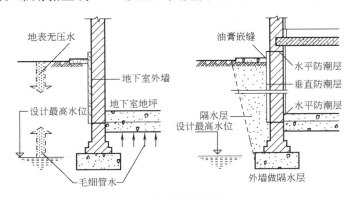

地下水在地下室地坪以下

图 3-38 地下室防潮构造

板和底板中间位置设置水平防潮层，使整个地下室防潮层连成整体，以达到防潮目的（图 3-38）。

  2. 地下室的防水

  当设计最高地下水位高于地下室地坪时，地下室的外墙和地坪都浸泡在水中。这时，地下室外墙受到地下水的侧压力，地坪受到地下水的浮力影响。因此，必须考虑地下室外墙和地坪作防水处理。

  较常见的防水措施有柔性防水和防水混凝土防水两类。柔性防水以卷材防水运用最多。卷材防水按防水层铺贴位置的不同，又有外防水（又称外包防水）和内防水（又称内包防水）之分。外防水是将防水层贴在迎水面，即地下室外墙的外表面，这对防水较为有利，缺点是维修困难。内防水是将防水层贴在背水的一面，即地下室墙身的内表面，这时，施工方便，便于维修，但对防水不太有利，故多用于修缮工程（图 3-39）。

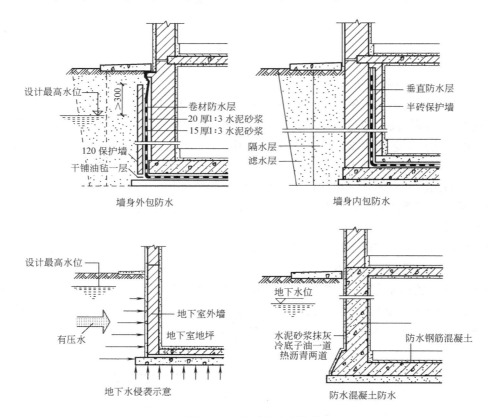

图 3-39　地下室防水构造

  当地下室采用卷材防水层时，防水卷材的层数为一至二层。

  至于地下室地坪结构的水平防水处理，一般是在地基上先浇筑混凝土垫层，其上做卷材防水层，并在外墙部位留槎；后在防水层上抹 20mm 厚 1：3 水泥砂浆；最后作钢筋混凝土结构层。

  防水混凝土防水就是以具有防水性能的钢筋混凝土作为地下防水建筑的围护结构，以取代卷材防水或其他防水处理。当地下室的墙和地坪采用钢筋混凝土时，也即采用箱形基础时，则以采用防水混凝土防水为好。防水混凝土外墙、底板，均不宜太薄，一般外墙厚应为200mm以上，底板厚应在150mm以上，否则会影响抗渗效果。为防止地下水对混凝土侵蚀，在墙外侧应抹水泥砂浆，然后涂刷热沥青（图3-39）。地下室采用防水混凝土既是承重构件，又起防水作用，是地下室工程中承重、围护、防水三结合的一种较为有效的措施。

随着新型防水材料的不断出现，地下室的防潮、防水处理也在不断更新，如涂料冷胶粘贴防水。涂料冷胶粘贴防水，系采用橡胶沥青防水涂料配以玻璃纤维布或聚酯无纺布等加筋层进行铺贴。它的防水质量、耐老化性能均较油毡防水层好。随着涂料防水材料的发展，今后在地下室防水工程中将会得到广泛应用。

六、管道穿过墙体或基础时的构造处理

在供热通风、给水排水及电气工程中，都有多种管道穿过建筑物（或构筑物）的墙（或池）壁。管道穿墙时，必须做好保护和防水措施，否则将使管道产生变形或与墙壁结合处产生渗水现象，影响管道的正常使用。

当墙壁受力较小，以及穿墙管在使用中振动轻微时，管道可直接埋设于墙壁中，管道和墙体固结在一起，称为固定式穿墙管。为加强管道与墙体的连接，管道外壁应加焊钢板翼环；如遇非混凝土墙壁时，应改用混凝土墙壁（图3-40）。

当墙壁受力较大，在使用过程中可能产生较大的沉陷以及管道有较大振动并有防水要求时，管道外宜先埋设穿墙套管（亦称防水套管），然后在套管内安装穿墙管，这种形式称为活动式穿墙管。穿墙套管按管间填充情况可分刚性和柔性两种。

1. 刚性穿墙套管（图3-41）

刚性穿墙套管适用于有一般防水要求的建筑物和构筑物，套管外也要加焊翼环。套管与穿墙管之间先填入沥青麻丝，再用石棉水泥封堵。

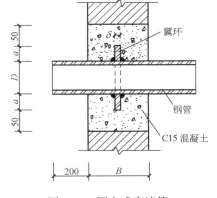

图3-40 固定式穿墙管

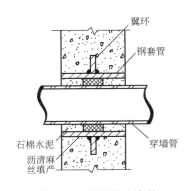

图3-41 刚性防水套管

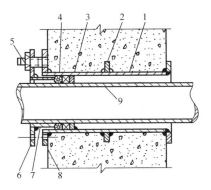

图3-42 柔性防水套管

1—套管；2—翼环；3—挡圈；4—橡皮条；5—双头螺栓；
6—法兰盘；7—短管；8—翼盘；9—穿墙管

2. 柔性防水套管（图 3-42）

柔性防水套管适用于管道穿过墙壁之处有较大振动或有严密防水要求的建筑物和构筑物。

无论是刚性或柔性套管，都必须将套管一次浇固于墙内，套管穿墙处之墙壁如遇非混凝土时，应改用混凝土墙壁，混凝土浇筑范围应比翼环直径大 200～300mm。

套管处混凝土墙厚对于刚性套管不小于 200mm，对于柔性套管不小于 300mm，否则应使墙壁一侧或两侧加厚，加厚部分的直径应比翼环直径大 200mm。

3. 进水管穿地下室

当进水管穿过地下室墙壁时，对于采用防水和防潮措施的地下室，应分别按图 3-43 中的（a）和（b）图进行施工。

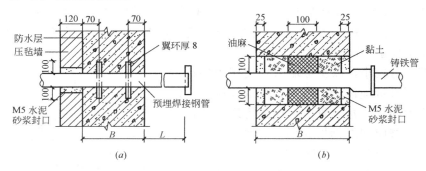

图 3-43　进水管穿地下室墙壁构造
（a）潮湿土层（防水地下室）；（b）干燥土层（防潮地下室）

4. 电缆穿墙

电缆穿墙时，除可用钢管保护外，还可用图 3-44 所示刚柔结合的做法。

5. 管道通过基础处理

当管道穿过基础或墙基时，必须在基础或墙基上预留洞口。管径在 75mm 时留洞宽度应比管径大 200mm，高度应比管径大 300mm，使建筑物产生下沉时不致压弯或损坏管道［图 3-45（a）］。当管道穿过基础时，将局部基础按错台方法适当降低，使管道穿过［图 3-45（b）］。

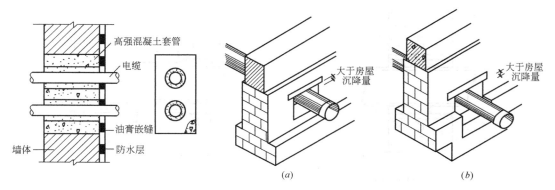

图 3-44　电缆穿墙处理

图 3-45　管道通过基础的处理
（a）墙基开洞；（b）基础降低开洞

第三节　楼地层、阳台和雨篷

楼板层与地面是分隔建筑空间的水平承重构件。它们把自重和使用荷载传给墙、柱及基础，由于所处的位置不同、受力状况不同而对其结构层有不同的要求。

一、楼板层

楼板层的基本构造层包括面层、结构层、顶棚。面层的做法和要求与地面相同，将在地面中讲述。

（一）楼板层的类型和设计要求

根据楼板所采用材料的不同，可分为木楼板、砖拱楼板、钢筋混凝土楼板以及压型钢板与钢梁组合的楼板等多种形式（图 3-46）。

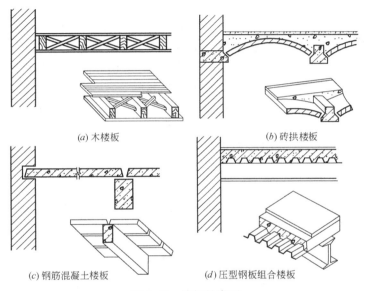

(a) 木楼板　　　　　　　　　　(b) 砖拱楼板

(c) 钢筋混凝土楼板　　　　　(d) 压型钢板组合楼板

图 3-46　楼板的类型

木楼板和砖拱楼板现已趋于少用，目前我国建筑中多采用钢筋混凝土楼板。

为保证楼板层的结构安全和正常使用，对楼板层的设计必须做到有足够的强度和刚度，有一定的防潮、防水和防火能力，并且应合理安排各种设备管线的走向。

（二）钢筋混凝土楼板

钢筋混凝土楼板具有强度大、刚度好、防火、耐久、有利于工业化生产等优点，按其施工方法不同，有现浇整体式、预制装配式和装配整体式三种类型。

1. 现浇整体式钢筋混凝土楼板

这种楼板是在施工现场经过支模、绑钢筋、浇筑混凝土、养护、拆模等施工过程制作而成。它的优点是整体性好，可以适应各种平面形式，有管道穿过时留洞方便；缺点是施工速度慢、湿作业、受气候条件影响较大。

现浇钢筋混凝土楼板根据受力和传力情况有板式楼板、梁板式楼板、无梁楼板和钢衬板楼板之分。

（1）板式楼板

在墙体承重建筑中，当房间尺度较小，楼板上的荷载直接靠楼板传给墙体，这种楼板称板式楼板。它多用于跨度较小的房间或走廊（如居住建筑中的厨房、卫生间以及公共建筑的走廊等）。

（2）梁板式楼板

当房间的跨度较大，为使楼板结构的受力与传力更加合理，常在楼板下设梁，以减小板的跨度，使楼板上的荷载先由板传给梁，然后由梁再传给墙或柱。这样的楼板结构称肋梁楼板，亦称梁板式楼板。其梁有主梁与次梁之分（图3-47）。

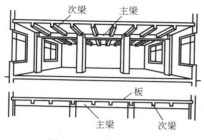

图 3-47　梁板式楼板

梁板式楼板常用的经济尺寸如下：

主梁跨度一般为5～8m，主梁高为跨度的1/14～1/8，主梁宽与高之比为1/3～1/2；次梁跨度即为主梁的间距，一般为4～6m，次梁高为次梁跨度的1/18～1/12，次梁宽与高之比为1/3～1/2；板的跨度即次梁的间距，一般为1.7～2.5m，板厚不应小于60mm，荷载大时需相应增加板的厚度。

（3）井式楼板

井式楼板又称井字梁楼板。井字梁楼板是肋梁楼板的一种特殊布置形式，其特点是两个方向的梁为等截面等间距的井字梁，且同位相交，见图3-48，井字梁楼板宜用于方形或近似于方形的平面形状，常用在公共建筑的门厅或大厅中。

（4）无梁楼板

无梁楼板是将楼板直接支承在柱子和墙上的楼板（图3-49）。为了增大柱的支承面积和减小板的跨度，需在柱的顶部设柱帽和托板。无梁楼板多用于楼板上荷载较大的商店、仓库、展览馆等建筑中。

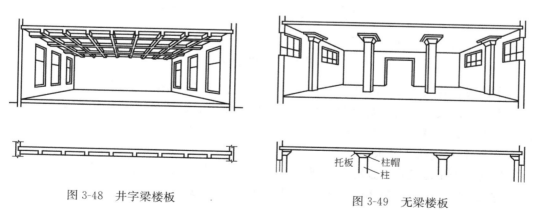

图 3-48　井字梁楼板　　　　　　　　　图 3-49　无梁楼板

（5）压型钢板组合楼板

压型钢板组合楼板实质上是一种钢与混凝土组合的楼板，系利用压型钢板作衬板（简称钢衬板）与现浇混凝土浇筑在一起，搁置在钢梁上构成整体型的楼板支承结构。适用于需有较大空间的多、高层民用建筑及大跨度工业厂房中。

压型钢板两面镀锌，冷压成梯形截面。截面的翼缘和腹板常压成肋形或肢形用来加劲，以提高与混凝土的粘结力并保证其共同工作。

钢衬板有单层钢衬板和双层孔格式钢衬板之分（图 3-50）。

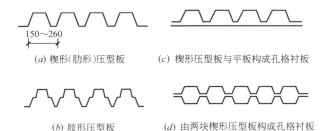

(a) 楔形(肋形)压型板　　　(c) 楔形压型板与平板构成孔格衬板

(b) 肢形压型板　　　(d) 由两块楔形压型板构成孔格衬板

图 3-50　压型钢板的形式

钢衬板组合楼板主要由楼面层、组合板（包括现浇混凝土与钢衬板）与钢梁等几部分构成，亦可根据需要设吊顶棚。组合楼板的构造形式较多，随压型钢板形式和使用要求的不同而变化。常见的单层钢衬板组合楼板的构造如图 3-51 所示。

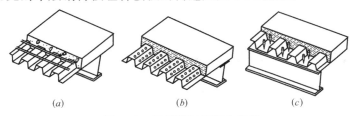

(a)　　　　　(b)　　　　　(c)

图 3-51　单层钢衬板组合楼板

2. 预制装配式钢筋混凝土楼板

预制装配式钢筋混凝土楼板是把楼板分成若干构件，在预制厂或施工现场外预先制作，然后在施工现场进行安装。这样可以节省模板，改善制作时的施工条件，加快施工进度。但整体性较现浇式差。

预制构件可分为预应力构件和非预应力构件两种。采用预应力构件，推迟了裂缝的出现和限制裂缝的开展，从而提高了构件的抗裂度和刚度。与非预应力构件比较，可节省钢材 30%～50%，节省混凝土 10%～30%，减轻自重，降低造价。

（1）实心平板

实心平板制作简单，一般只用作房屋的走道、厨房、卫生间等处的楼板，也可作架空搁板、管道盖板等（图 3-52）。

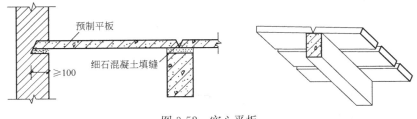

图 3-52　实心平板

实心平板的经济跨度≤2.5m，板厚为跨度的 1/10～1/25，常用 60～100mm，板宽为 500～600mm。

（2）槽形板

槽形板是一种梁板结合的构件，作用在槽形板上的荷载主要由两侧的纵肋承受，因此板可做得较薄（常用30~40mm），其板宽为500~1200mm，肋高为150~300mm，板跨为3~7.2m。

为了加强槽形板的刚度，需在两纵肋之间增加横肋。为了避免板被墙压坏，在板端伸入砖墙部分应用砖块填实，或将板的两端以端肋封闭（图3-53）。

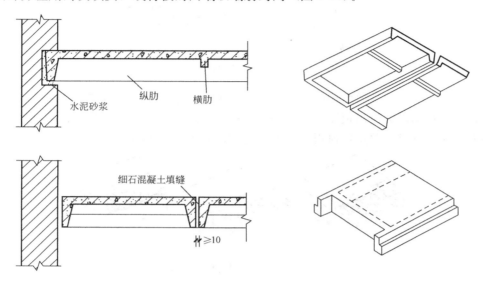

图 3-53　槽形板

（3）空心板

空心板在结构计算理论上与槽形板是相同的，其材料消耗量也较接近，但由于空心板底面平整、隔声效果好，因而应用广泛。

空心板按其孔的形状不同，有方孔、椭圆孔、圆孔之分，圆孔制作方便，方孔比较经济（图3-54）。

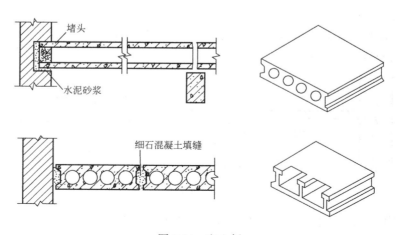

图 3-54　空心板

预应力空心板由于施加了预应力，板跨可达 7.5m，板厚常用 120～240mm，板宽为 600～1500mm。为避免在支座处板端压坏，板端孔内常用砖块或混凝土填实。当房间的平面尺寸较大而板跨不能达到时，往往需增加梁来作为板的支

图 3-55　梁的截面形式

承点。在一般民用建筑中，梁的跨度常用 5～8m，其间距不大于 4m。梁的截面形式有矩形、T 形、倒 T 形、十字形等，设计时应根据不同的要求选用（图 3-55）。

预制板直接搁置在墙上或梁上，均应有足够的搁置长度，支承于梁上其搁置长度应不小于 80mm；支承于墙上其搁置长度应不小于 100mm，并在墙上或梁上铺大于 10mm 厚的水泥砂浆，即坐浆，以保证楼板与墙或梁较好的连接。

3. 装配整体式钢筋混凝土楼板

装配整体式钢筋混凝土楼板是一种预制装配和现浇相结合的楼板类型。

（1）叠合式楼板

在预制板吊装就位后再现浇一层钢筋混凝土与预制板结成整体，称为叠合式楼板。

叠合式楼板常用做法是在预制板面浇 30～50mm 厚钢筋混凝土现浇层或将预制板缝拉开 60～150mm 并配置钢筋，同时现浇混凝土现浇层（图 3-56）。

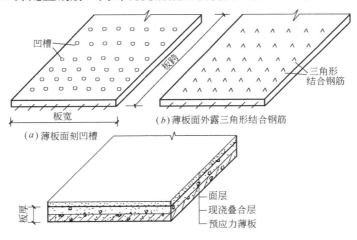

图 3-56　叠合式楼板

（2）密肋空心砖楼板

密肋空心砖楼板通常是以空心砖或空心矿渣混凝土块作为肋间填块，现浇密肋和板而成的（图 3-57）。

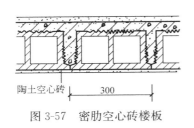

图 3-57　密肋空心砖楼板

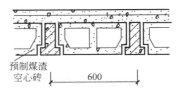

图 3-58　预制小梁现浇板

（3）预制小梁现浇板

这种楼板是在预制小梁上现浇混凝土板，小梁截面小而密排，通常板跨为500～1000mm，小梁高为跨度的1/25～1/20，梁宽常为70～100mm。现浇板板厚为50～60mm（图3-58）。

（三）顶棚构造

顶棚又称平顶或天花，是室内饰面之一。作为顶棚则要求表面光洁、美观，且能起反射作用，以改善室内的亮度。对某些有特殊要求的房间，还要求顶棚具有隔声、保温、隔热等方面的功能。

1. 直接式顶棚

直接式顶棚系指直接在楼板结构层下喷、刷或粘贴装修材料的一种构造方式。当楼板底面平整时，可直接在楼板底面喷刷涂料。

当楼板底部不够平整或室内装修要求较高时，可在板底进行抹灰装修。抹灰分水泥砂浆抹灰和纸筋灰抹灰两种［图3-59（a）］。

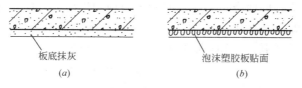

板底抹灰　　　　　　　　　泡沫塑胶板贴面
（a）　　　　　　　　　　（b）

图3-59　直接式顶棚
（a）抹灰装修；（b）贴面装修

对一些装修要求较高或有保温、隔热、吸声要求的建筑物，如商店营业厅等，在顶棚上直接粘贴装饰墙纸、装饰吸声板以及着色泡沫塑胶板等［图3-59（b）］。

2. 吊顶棚

将饰面层悬吊在楼板结构层上面形成的顶棚称为吊顶棚，简称吊顶。吊顶一般由吊筋、龙骨与面层三部分组成。

吊顶龙骨分为主龙骨与次龙骨，主龙骨为吊顶的承重结构，次龙骨则是吊顶的基层。龙骨又有木质的和金属的两大类。吊顶面层有抹灰面层和板材面层两大类。抹灰面层有板条抹灰、板条钢板网抹灰和钢板网抹灰。抹灰面层为湿作业施工，费工费时，目前已趋向采用板材面层。板材面层有植物板材、矿物板材和金属板材等。

吊顶做法是从楼板中伸出吊筋，与主龙骨（又称主搁栅）扎牢，然后在主龙骨上固定次龙骨（又称次搁栅），再在次龙骨上固定面层材料（图3-60）。

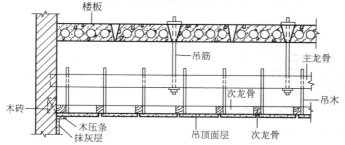

图3-60　吊顶构造

（1）木质龙骨吊顶

木质龙骨吊顶主要是借预埋于楼板内的金属吊件或锚栓将吊筋（又称吊头）固定在楼板下部，吊筋常用 $\phi 8 \sim \phi 10$ 的钢筋，吊筋间距一般为 $900 \sim 1000$mm，吊筋下固定主龙骨，其截面均为 45mm×45mm 或 50mm×50mm。主龙骨下钉次龙骨，次龙骨截面为 40mm×40mm，间距为 400、450、500、600mm。间距的选用视面层材料规格而定（图 3-61）。

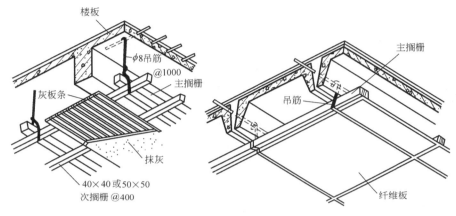

图 3-61　木质龙骨吊顶构造

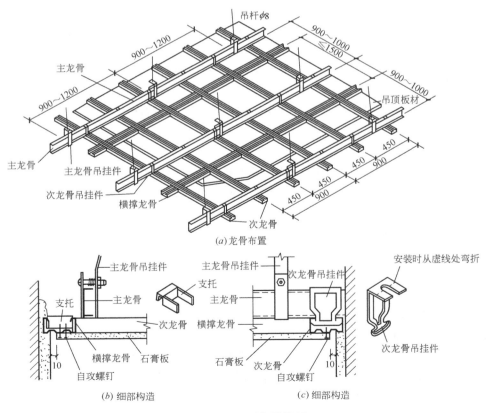

(a) 龙骨布置

(b) 细部构造　　　　(c) 细部构造

图 3-62　金属龙骨吊顶

（2）金属龙骨吊顶

金属龙骨吊顶的主龙骨采用槽形截面的轻钢型材，次龙骨为 T 形截面的铝合金型材或 U 形截面的轻钢型材，用专门的吊挂件将次龙骨固定在主龙骨上，面板用自攻螺钉固定于次龙骨上（图 3-62）。

二、首层地面

首层地面是指建筑物底层的地坪。和楼板层一样，它承受着地面上的荷载，并均匀地传给地基。

（一）地面的组成

常见的地面由面层、垫层和基层所构成（图 3-63）。对有特殊要求的地坪，常在面层与垫层之间增设一些附加层。

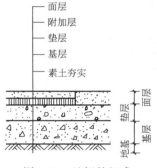

图 3-63　地坪的组成

（1）基层：基层多为垫层与地基之间的找平层或填充层，主要起加强地基、帮助结构层传递荷载的作用。

（2）垫层：系地坪的结构层，起着承重和传力的作用。它的选材关系到地面的质量和坚固程度。通常采用 C15 级混凝土制作，其厚度一般为 60～100mm。

（3）面层：地面面层是人们日常生活、工作、生产活动直接接触的表面，要求面层坚固耐磨、表面平整、光洁、易清洁、不起尘；对于居住和人们长时间停留的房间，要求有较好的蓄热性和弹性；浴室、厕所则要求耐潮湿、不透水；厨房、锅炉房要求地面防水，耐火；实验室则要求耐酸碱、耐腐蚀等。

地面的名称以面层材料而命名，如面层为水泥砂浆则称为水泥砂浆地面；面层为水磨石则称为水磨石地面等。

地面的附加层主要是为满足某些特殊使用功能要求而设置的一些层次，如结合层、保温层、防水层等。

（二）常用地面构造

楼面构造与地面构造相同，因而以下所述的地面也适用于楼面。

按面层所用材料和施工方式不同，常见地面可分为以下几类：

1. 整体类地面

整体类地面包括水泥砂浆地面、细石混凝土地面及水磨石地面等。

（1）水泥砂浆地面及细石混凝土地面

水泥砂浆地面简称水泥地面，它坚固耐磨、防潮、防水，构造简单，施工方便，而且造价低廉，是目前使用最普遍的一种低档地面。

水泥砂浆地面有双层和单层两种。双层做法分为面层和底层，在构造上常以 15～20mm 厚 1:3 水泥砂浆打底、找平，再以 5～10mm 厚 1:2 或 1:1.5 的水泥砂浆抹面（图 3-64）。单层构造是先在结构层上抹水泥砂浆结合层一道，再抹 15～20mm 厚 1:2 或 1:2.5 的水泥砂浆一道。当前在地面构造中以双层水泥砂浆地面居多。

细石混凝土地面是在结构层上浇 30mm 厚细石混凝土，浇好后随即用木板拍浆，待水泥浆液到表面时，再撒少量干水泥，最后用铁板抹光。它的主要优点是经济、不易起

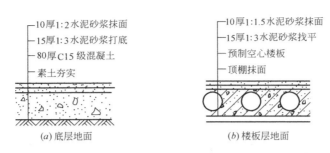

(a) 底层地面　　　　　(b) 楼板层地面

图 3-64　水泥砂浆地面

砂,而且强度高,整体性好。

(2)水磨石地面

水磨石地面又称磨石子地面,是分层制作的。底层用 10～15mm 厚 1：3 水泥砂浆打底,面层用 1：1.5～1：2 水泥、石渣粉面。操作时先把找平层作好,然后在找平层上按设计的图案嵌固玻璃分格条(也可嵌铜条或铝条),玻璃条高 10mm,用 1：1 水泥砂浆嵌固(图 3-65)。当玻璃条嵌好后,便将拌合好的水泥石渣浆浇入,然后再均匀撒一层石渣,并用滚筒压实,经浇水养护后磨光。一般须磨三次并用草酸水溶液涂擦、洗净,最后打蜡保护。

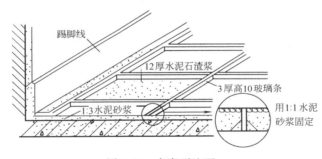

图 3-65　水磨石地面

2. 块材类地面

凡利用各种人造的或天然的预制块材、板材镶铺在基层上的地面称块材地面。包括缸砖、陶瓷地砖、陶瓷锦砖、人造石板、天然石板以及木地面等。它们用胶结料铺砌或粘贴在结构层或垫层上。胶结料既起粘结作用,又起找平作用。常用的胶结材料有水泥砂浆、沥青胶以及各种聚合物改性粘结剂等(图 3-66)。

3. 卷材类地面

卷材类地面主要是粘贴各种卷材、半硬质块材的地面。常见的有塑料地面、橡胶毡地面以及无纺织地毯地面等。

4. 涂料类地面

涂料类地面是水泥砂浆或混凝土地面的表面处理形式。它对解决水泥地面易起灰和美观的问题起了重要作用。常见的涂料有水乳型、水溶型和溶剂型三种。

(三)踢脚板构造

地面与墙面交接处的垂直部位,在构造上通常按地面的延伸部分来处理,这一部分被

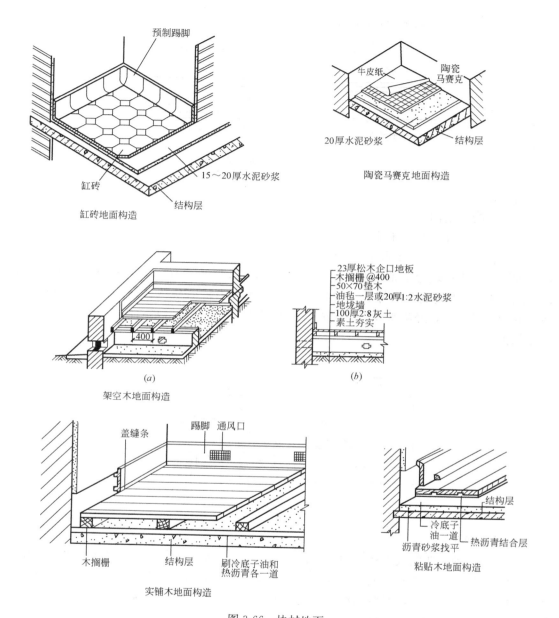

预制踢脚

牛皮纸 陶瓷马赛克

20厚水泥砂浆 结构层

陶瓷马赛克地面构造

缸砖

15～20厚水泥砂浆

结构层

缸砖地面构造

400

(a)

架空木地面构造

23厚松木企口地板
木搁栅@400
50×70垫木
油毡一层或20厚1:2水泥砂浆
地垄墙
100厚2:8灰土
素土夯实

(b)

盖缝条 踢脚 通风口

木搁栅 结构层 刷冷底子油和
热沥青各一道

实铺木地面构造

结构层

冷底子
油一道 热沥青结合层
沥青砂浆找平

粘贴木地面构造

图 3-66 块材地面

称为踢脚线，也称踢脚板。它的主要功能是保护墙面，防止墙面因受外界的碰撞损坏，或
在清洗地面时，脏污墙面。踢脚板的材料一般与地面面层材料相同，踢脚板的高度为
100～200mm（图 3-67）。

三、阳台和雨篷

（一）阳台

阳台是楼房建筑中各层房间用以与室外接触的小平台。按阳台与外墙所处位置和结构
处理的不同，分为挑阳台、凹阳台、半挑半凹阳台以及转角阳台等几种形式（图 3-68）。

由于阳台外露，为防止雨水从阳台泛入室内，设计时要求阳台地面标高低于室内地面

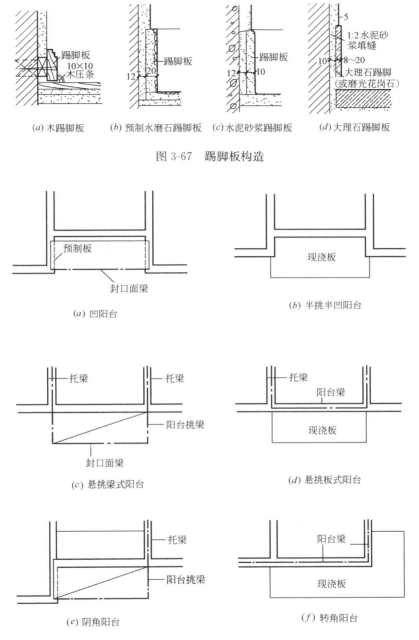

图 3-67 踢脚板构造

(a) 木踢脚板　(b) 预制水磨石踢脚板　(c) 水泥砂浆踢脚板　(d) 大理石踢脚板

(a) 凹阳台

(b) 半挑半凹阳台

(c) 悬挑梁式阳台

(d) 悬挑板式阳台

(e) 阴角阳台

(f) 转角阳台

图 3-68 阳台形式及布置

20～30mm，并在阳台一侧栏杆下设排水孔（图 3-69）。

（二）雨篷

雨篷是建筑物入口处位于外门上部用以遮挡雨水、保护外门免受雨水侵害的水平构件。多采用钢筋混凝土悬臂板，其悬挑长度一般为 1～1.5m 左右。雨篷有板式和梁板式两种（图 3-70）。

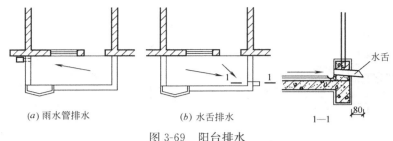

(a) 雨水管排水　　　　(b) 水舌排水　　　　　　　1—1

图 3-69　阳台排水

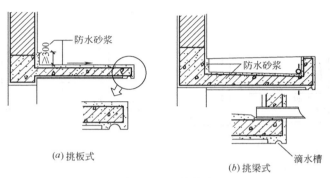

(a) 挑板式　　　　　　　　　(b) 挑梁式

图 3-70　雨篷构造

第四节　楼　　梯

一、楼梯的组成及作用

　　建筑物中作为楼层间相互联系的垂直交通设施有楼梯、电梯、自动扶梯、台阶与坡道等，对于一般多层建筑多以楼梯为主。虽然多层公共建筑、高层建筑经常需要设置电梯或自动扶梯及坡道，但同时也必须设置楼梯，因此楼梯作为建筑物的主要垂直交通设施，应用非常广泛。

　　楼梯一般由梯段、平台和栏杆扶手组成，如图 3-71 所示。

　　梯段：是由若干个踏步组成的倾斜构件，是楼梯的主要使用和承重部分。为了适用和安全，每个梯段的踏步数一般不应超过 18 级，也不应少于 3 级。

　　平台：是指联系两个倾斜梯段之间的水平构件，其主要作用是供人行走时缓冲疲劳和转换梯段方向。标高与楼层标高相同者，称为楼层平台。反之，称中间平台。

　　栏杆扶手：是设置在梯段及平台临空边缘的安全保护构件。栏杆有实心栏杆和漏空栏杆之分。实心栏杆又称栏板。栏杆

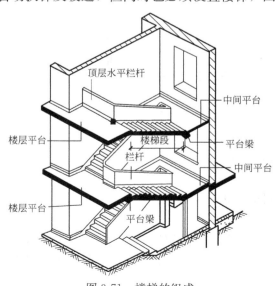

图 3-71　楼梯的组成

上部供人们依扶的配件称扶手。

二、楼梯的形式

按楼层间梯段的数量和上下楼层方式的不同，常见的楼梯形式有：直跑楼梯、双跑楼梯、三跑楼梯、交叉楼梯、剪刀楼梯等（图3-72）。

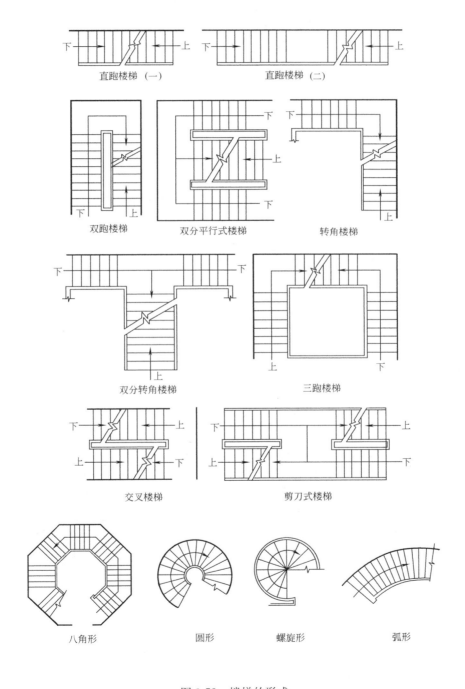

图 3-72　楼梯的形式

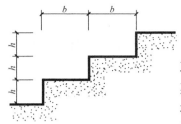

图 3-73　楼梯踏步的截面

三、楼梯的一般尺寸

（一）梯段坡度及踏步尺寸

楼梯坡度应根据建筑物的使用性质和层高来确定，一般取 23°～45°。对使用人数较少的居住建筑或某些辅助性楼梯，其坡度可适当陡些。对使用频繁，人流密集的公共建筑，其坡度宜平缓些，常取 30°左右较舒适。当坡度小于 23°时，应采用坡道。当坡度大于 45°时，则宜采用爬梯。

楼梯坡度实质上与楼梯踏步密切相关，踏步高与宽之比即可构成楼梯坡度（图 3-73）。踏步高度与人们的步距有关，宽度应与人脚的长度相适应。确定及计算踏步尺寸的经验公式为：

$$2h+b=600\sim620\text{mm}$$

式中　h——踏步高度；

　　　b——踏步宽度。

600～620mm 为成年女子和儿童的平均步距。居住建筑楼梯选用低额，公共建筑楼梯及室外台阶选用高额。民用建筑中，楼梯踏步的最小宽度与最大高度限制见表 3-4。

楼梯踏步最小宽度和最大高度（m）　　　　　　表 3-4

楼　梯　类　别	踏步最小宽度	踏步最大高度
住宅共用楼梯	0.26	0.175
幼儿园、小学校等楼梯	0.26	0.15
电影院、剧场、体育馆、商场、医院、旅馆和大中学校等楼梯	0.28	0.16
其他建筑物楼梯	0.26	0.17
专用疏散楼梯	0.25	0.18
服务楼梯、住宅室内楼梯	0.22	0.20

注：无中柱螺旋楼梯和弧形楼梯离内侧扶手中心 0.25m 处的踏步宽度不应小于 0.22m。

（二）梯段宽度和平台深度

梯段宽度指的是楼梯间墙体内表面至梯段边缘之间的水平距离，见图 3-74。

梯段宽度应根据运行的人流量大小、安全疏散及使用要求来确定。休息平台的深度，应等于或大于梯段宽度，以保证平台处人流不致拥挤堵塞，同时还应考虑搬运物件时转弯的可能性。当休息平台上设有暖气片或消火栓时，应扣除它们所占的宽度。

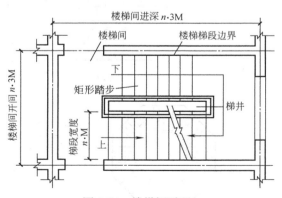

图 3-74　楼梯间平面

（三）栏杆扶手尺寸

根据建筑物的使用性质不同，扶手高度也不同。如成人用 900～1000mm 高，儿童用 500～600mm 高，也可同时做两套扶手（图 3-75）。梯段宽超过 1.4m 时，应双面设扶手，超过 2.4m 时，则中央应另设扶手。扶手高度为踏步前缘至扶手顶面的竖直高度（图 3-76）。

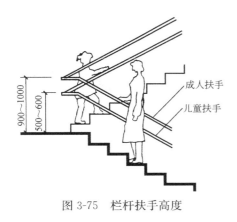

图 3-75　栏杆扶手高度

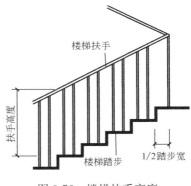

图 3-76　楼梯扶手高度

扶手顶面的宽度，为满足人使用方便，一般不大于 80mm，常取 60～80mm。

（四）楼梯净空高度

楼梯的净空高度系指梯段的任何一级踏步前缘至上一梯段结构下缘的垂直高度；或平台面（或底层地面）至顶部平台（或平台梁）底的垂直距离。为保证在这些部位通行或搬运物件时不受影响，其净高在平台处应不小于 2m；在梯段处应不小于 2.2m（图 3-77）。

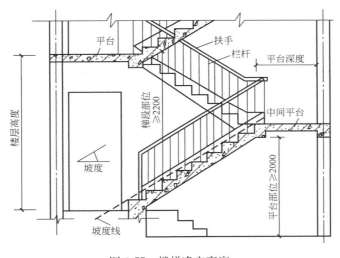

图 3-77　楼梯净空高度

在大多数居住建筑中，常利用楼梯间作为出入口，当楼梯平台下作通道不能满足以上净高时，常采用以下办法解决：

（1）将底层第一梯段加长，形成步数不等的梯段［图 3-78（a）］。

（2）第一梯段长度与步数不变，降低楼梯间室内地坪标高［图 3-78（b）］。

（3）将上述两种方法结合。一般在楼梯间进深有限，室内外地坪高差不能完全满足要求时采用［图 3-78（c）］。

（4）底层用直跑楼梯，直接上到二楼［图 3-78（d）］。

四、钢筋混凝土楼梯构造

楼梯按其材料不同有木楼梯、钢楼梯和钢筋混凝土楼梯等。由于钢筋混凝土楼梯具有

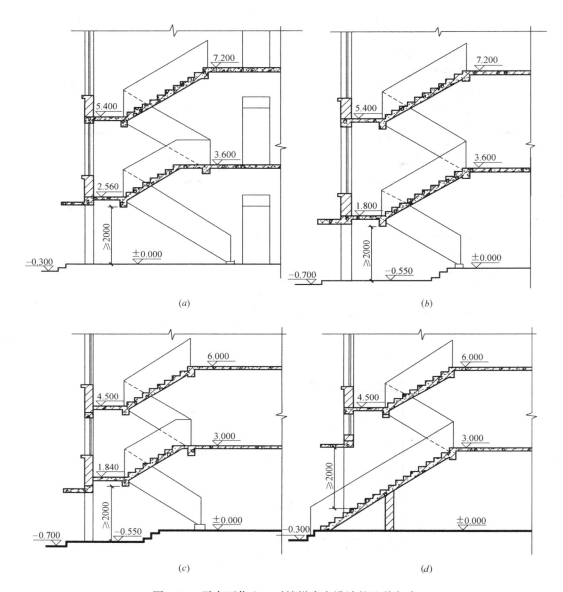

图 3-78 平台下作入口时楼梯净高设计的几种方式

坚固、耐久、耐火等优点，所以目前被广泛应用。按施工方法分为现浇钢筋混凝土楼梯和预制钢筋混凝土楼梯两大类。

（一）现浇钢筋混凝土楼梯

现浇钢筋混凝土楼梯刚度大，整体性好，设计灵活，但施工速度慢，模板耗费多，适用于对抗震要求较高的建筑中。现浇钢筋混凝土楼梯的结构形式有两种，即板式及梁板式。

1. 板式楼梯

板式楼梯的梯段与平台板相连，平台板端部设置一根平台梁支承上、下梯段及平台板，平台梁支承在墙上（图 3-79）。这种楼梯结构简单，底面平整，便于装修，但自重

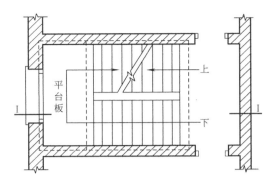
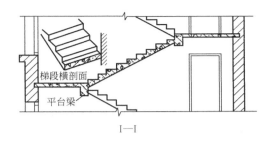

图 3-79　板式楼梯

大，材料消耗多，适用于楼梯荷载较小的住宅等。

2. 梁板式楼梯

现浇钢筋混凝土梁板式楼梯有两种形式：一种是梁在踏步板下面露出一部分，上面踏步明露，另一种是梯段梁向上翻，下面平整，踏步包在梁上侧，梁与踏步形成的凹角在上面，梁的宽度可以做得窄一些，也可以和栏板结合（图 3-80）。

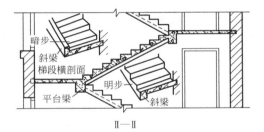

这两种形式均是在梯段侧面设置斜梁，斜梁支承在平台梁上，平台梁支承在墙上。当有楼梯间时，踏步板的一端由斜梁支承，另一端可支承在墙上。没有楼梯间时，踏步板两端应由两根斜梁支承，和板式梯段比较，可缩小板跨，减小板厚，结构合理。

（二）预制装配式钢筋混凝土楼梯

装配式钢筋混凝土楼梯，是将楼梯分成若干个构件，在工厂或工地预制，施工时将预制构件进行装配。这种楼梯施工速度快，减少现场湿作业，节约模板，是目前各类建筑中应用较广的一种形式。装配式钢筋混凝土楼梯按照组成构件的大小分为小型构件装配式和大型构件装配式楼梯两大类。

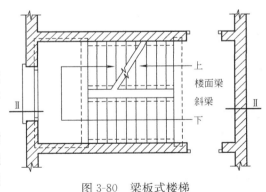

图 3-80　梁板式楼梯

1. 小型构件装配式楼梯

小型构件装配式楼梯，一般是指踏步和支承结构分开预制，其特点是构件小而轻，容易制作，便于安装，但安装速度慢，适用于施工机械化程度较低的工地。

（1）预制踏步

钢筋混凝土预制踏步的截面形式，一般有一字形、L 形和三角形三种（图 3-81）。

一字形踏步制作方便，踏步的高宽较自由，可用立砖作踢面，也可露空，适用较广。L 形踏步板有正反两种，一种是踢板在踏板的上面，另一种是踢板在踏板的下面。这种踏

图 3-81　预制踏步的形式

步用料较省，自重轻，但拼装后梯段底部呈锯齿形，不平整易积灰。三角形踏步最大的特点是安装后底面平整，但踏步尺寸较难调整。为了减轻自重，三角形内可抽孔，多采用简支的方式。

（2）预制踏步的支承结构

根据梯段构造和支承方式的不同，可分为梁承式、墙承式、悬挑式几种。

1）梁承式楼梯　它是由梯段、平台梁、平台板组成。预制踏步搁置在斜梁上组成梯段，梯段斜梁搁置在平台梁上，平台梁搁置在两边的墙或柱上。

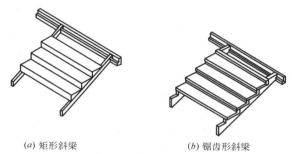

（a）矩形斜梁　　　　（b）锯齿形斜梁

图 3-82　预制梁承式楼梯

梯段梁有矩形、L形和锯齿形三种。当选用一字形或L形踏步板时，均要用锯齿形斜梁；当选用三角形踏步板做明步楼梯时，可用截面为矩形的斜梁（图3-82）；若作暗步楼梯时，可用截面为L形斜梁。

平台梁常见的有矩形、L形等。平台梁的大小需经结构计算确定，按构造要求一般梁高可取跨度的 1/8～1/12，梁宽取梁高的 1/2～1/3。

平台板可为空心板、槽板或平板。当平台板平行于平台梁布置时，用空心板或槽板直接支承在楼梯间的两侧墙上。

由于梁承式楼梯具有整体性好，施工安装简便，以及装配化程度较高等优点，故在各类建筑中被广泛采用。

2）墙承式楼梯　整个梯段由一个个单独的踏步板组成，踏步板多为L形，两端直接支承在墙上，省去了平台梁和斜梁。

这种楼梯构造简单，施工方便，多用于标准较低的建筑中（图3-83）。

3）悬挑楼梯　整个梯段的踏步板为一端固定，一端悬空的悬挑构件，固定端可以嵌固在墙上或梁上。当嵌固在楼梯间侧墙上时，不需设斜梁和平台梁，悬挑长度一般为 1200～1500mm，最大不超过 1800mm，但需要设置临时支撑，在地震区不宜使用（图3-84）。

2. 大型构件装配式楼梯

大型构件装配式楼梯是将楼梯段和楼梯平台分别预制成整体构件，利用起吊设备在现场进行拼装，这对于简化施工过程，加快施工速度，减轻劳动强度等都具有一定的意义。

楼梯段的形式有板式、梁板式、双梁折板式等类型。

（1）板式楼梯（图3-85）

板式楼梯全部荷载由梯段斜板承受，直接传给楼梯平台梁。梯段斜板的结构形式有实

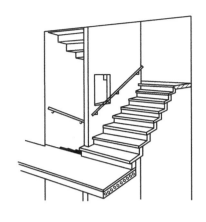

图 3-83　墙承式楼梯

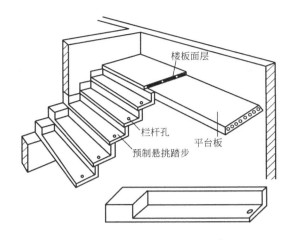

图 3-84　悬挑楼梯

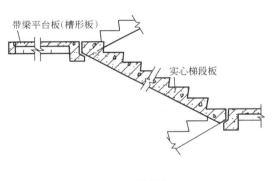

(a) 实心梯段板

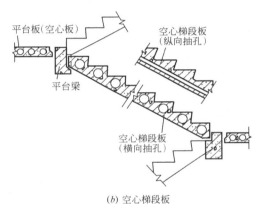

(b) 空心梯段板

图 3-85　板式楼梯

心板和空心板两种类型。实心板自重大，只适用于梯段跨度不大，荷载较轻的房屋。空心板有纵向和横向抽孔两种。这种空心板式楼梯适用于梯段斜板跨度较大的房屋。

（2）梁板式楼梯

梁板式楼梯类似槽形板，可做成明步或暗步。该楼梯结构简单，混凝土及钢材用量较少，自重轻，便于运输及安装（图3-86）。

（三）楼梯栏杆扶手及踏步面层构造

1. 栏杆与扶手

楼梯栏杆有空花栏杆、实心栏杆以及两者组合的三种形式。空花栏杆一般采用钢铁料如扁钢、圆钢、方钢及管料做成。它们的组合大部分用电焊或螺栓连接。栏杆立柱与梯段的连接一般电焊在预埋铁件上；或用水泥砂浆埋入

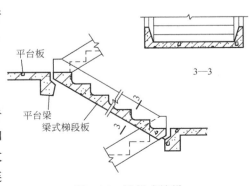

图 3-86　梁板式楼梯

混凝土构件的预留孔内；为了增加梯段净宽和美观并加强栏杆抵抗水平力的能力，栏杆与扶手的立柱也可以从侧面连接（图 3-87）。

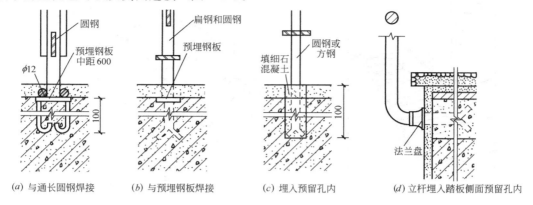

图 3-87　栏杆与梯段构件的连接

实心栏板可用透明的钢化玻璃或有机玻璃镶嵌于栏杆立柱之间；也可用预制或现浇钢筋混凝土板以及钢丝网水泥等材料制作。

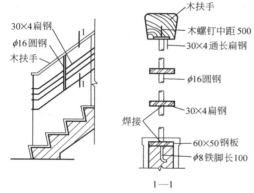

图 3-88　组合式栏杆示例

组合式是空花栏杆与栏板组合的一种形式（图 3-88）。一般空花部分用金属制作，栏板部分用混凝土或砖砌。

楼梯扶手一般用硬木、钢管、水泥砂浆、水磨石、塑料和大理石等制成（图 3-89）。靠墙需做扶手时，常用铁脚使扶手与墙固定。

2. 踏步面层构造

踏步的踏面要求耐磨、美观和便于清洁，所以一般都要做抹面、水磨石或缸砖贴面，也可做大理石面层（图 3-90）。但大理石踏面，行走易滑跌。人流较为集中而拥挤的公共建筑，如剧院、学校、商店、车站等，踏步表面应做防滑条，讲究的建筑可铺地毯或防滑贴面。踏步防滑处理见图 3-91。

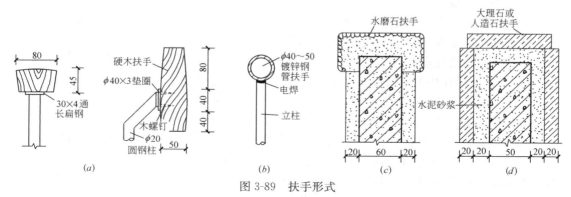

图 3-89　扶手形式

（a）硬木扶手；（b）钢管扶手；（c）水磨石扶手；（d）大理石或人造石扶手

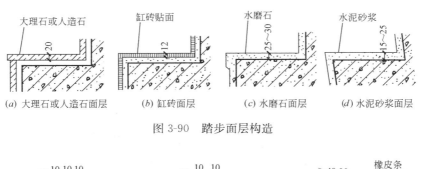

(a) 大理石或人造石面层　(b) 缸砖面层　(c) 水磨石面层　(d) 水泥砂浆面层

图 3-90　踏步面层构造

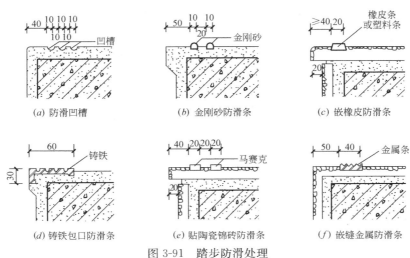

(a) 防滑凹槽　　　　(b) 金刚砂防滑条　　　　(c) 嵌橡皮防滑条

(d) 铸铁包口防滑条　(e) 贴陶瓷锦砖防滑条　(f) 嵌缝金属防滑条

图 3-91　踏步防滑处理

五、台阶与坡道构造

(一) 台阶

一般建筑物的室内地面都高于室外地面，为了便于出入，须根据室内外的高差来设置台阶。在台阶和出入口之间一般设置平台，作为缓冲之处。平台表面应向外倾斜约 1‰～4‰坡度，以利排水。台阶踏步的高、宽比应较楼梯平缓，每级高度一般为 100～150mm，踏面宽度为 300～400mm。

建筑物的台阶应采用具有抗冻性好和表面结实耐磨的材料，如混凝土、天然石等。普通砖的抗水性和抗冻性较差，用来砌筑台阶，整体性差，很易损坏。若表面用水泥砂浆抹面，虽有帮助，但也很容易剥落。大量性的民用建筑以采用混凝土台阶最广泛（图 3-92）。

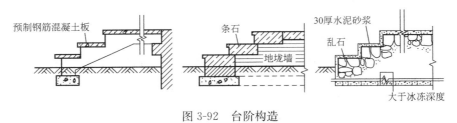

图 3-92　台阶构造

(二) 坡道

室外门前为便于车辆进出及无障碍设施的考虑，常做坡道，也有台阶和坡道同时应用者，如入口平台左右做坡道、正面做台阶。

坡道既要便于车辆使用，又要便于行人。其坡度过大行人不便，过小占地过大。一般1：6～1：12，1：10较为舒适，大于1：8者须做防滑措施，一般做锯齿形或做防滑条（图3-93）。其中无障碍设计坡道坡度应不大于1：12。

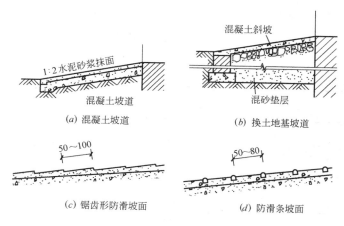

图 3-93　坡道构造

坡道也要采用抗冻性好和表面结实的材料，如混凝土、天然石等；同样也要注意冰冻线的位置以及主体建筑沉降的问题。

第五节　屋　顶

屋顶是房屋最上层覆盖的外围护结构，其主要作用是用以抵御自然界的风、雨、雪以及太阳辐射、气温变化和其他外界的不利因素，以使屋顶覆盖下的空间，达到冬暖、夏凉。因此，屋顶在构造设计时应满足防水、保温、隔热以及隔声、防火等要求。

屋顶又是房屋上层的承重结构，它应能支承自重和作用在屋顶上的各种活荷载，同时还起着对房屋上部的水平支撑作用。因此，屋顶在构造设计时，还应满足屋顶承重构件的强度、刚度和整体空间的稳定性等要求。

一、屋顶的类型

屋顶的形式与房屋的使用功能、屋面材料、结构选型以及建筑造型要求等有关。常见的屋顶类型有平屋顶、坡屋顶，除此以外还有球面、曲面、折面等形式的屋顶（图3-94）。

二、屋面的常用坡度和坡度范围

各种屋面的坡度，是由多方面因素决定的。它与屋面材料、地理气候条件、屋顶结构形式、施工方法、构造组合方式、建筑造型要求以及经济等方面的影响都有一定的关系。其中屋面覆盖材料与屋面坡度的关系比较大。一般情况下，屋面防水材料的透水性越差，单块面积越大，搭接缝隙越小，它的屋面排水坡度亦越小。反之，屋面排水坡度就应大些。

不同的屋面防水材料与排水坡度关系见表3-5。

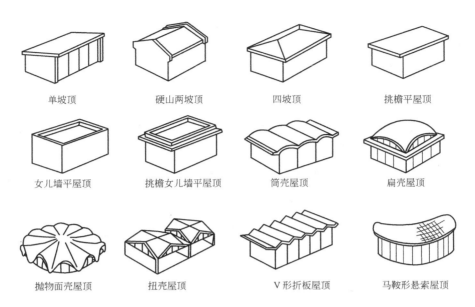

单坡顶	硬山两坡顶	四坡顶	挑檐平屋顶
女儿墙平屋顶	挑檐女儿墙平屋顶	筒壳屋顶	扁壳屋顶
抛物面壳屋顶	扭壳屋顶	V形折板屋顶	马鞍形悬索屋顶

图 3-94　屋顶类型

屋面的排水坡度　　　　　　　　　　　　　　　　　　　　表 3-5

屋 面 类 别	屋面排水坡度(%)
卷材防水、刚性防水的平屋面	2~5
平瓦	20~50
波形瓦	10~50
油毡瓦	≥20
网架、悬索结构金属板	≥4
压型钢板	5~35
种植土屋面	1~3

通常我们将坡度>10%的称为坡屋顶，≤10%的称为平屋顶。

三、屋面的防水等级

屋面防水工程应根据建筑物的类别、重要程度、使用功能要求确定防水等级，并应按相应等级进行防水设防；对防水有特殊要求的建筑屋面，应进行专项防水设计。屋面防水等级和设防要求应符合表 3-6 的规定。

屋面防水等级和设防要求　　　　　　　　　　　　　　　　表 3-6

防 水 等 级	建 筑 类 别	设 防 要 求
Ⅰ级	重要建筑和高层建筑	两道防水设防
Ⅱ级	一般建筑	一道防水设防

四、平屋顶

平屋顶是较常见的一种屋顶形式，其屋面平坦，主要有承重层、屋面和顶棚层组成。承重层的作用是承受屋顶荷载并将其荷载传给墙或柱，一般采用钢筋混凝土梁板。屋面主

93

要是指防水层。目前，由于地理环境、气候条件、使用特点等方面的要求，还需设置保温层、隔热层、隔汽层、找平层、结合层等。

顶棚层的构造做法与楼板层的顶棚基本相同。

（一）平屋顶的排水

1. 屋面坡度的形成

要屋面排水通畅，首先是选择合适的屋面排水坡度。从排水角度考虑，要求排水坡度越大越好；但从结构上、经济上以及上人活动等的角度考虑，又要求坡度越小越好。一般常视屋面材料的防水性能和功能需要而定，上人屋面一般采用 1%～2%，不上人屋面一般采用 2%～3%。

平屋顶的坡度形成分为材料找坡和结构找坡两种方式（图 3-95）。所谓材料找坡，是在水平的屋面板上面，利用材料厚薄不同形成一定的坡度，找坡材料多用炉渣等轻质材料加水泥或石灰形成，一般设在承重屋面板与防水层或保温层之间。

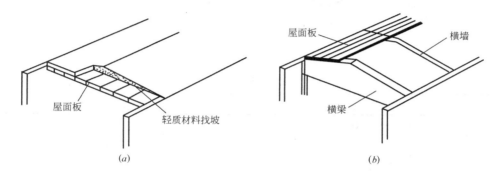

图 3-95 屋面找坡方式
（a）材料找坡；（b）结构找坡

当保温材料为松散状时，也可不另设找坡层，利用保温材料本身形成一定的坡度。材料找坡可使室内获得水平的顶棚面，但材料找坡将会增加屋面自重。

所谓结构找坡，是把支承屋面板的墙或梁做成一定的坡度，屋面板铺设在其上后就形成了相应的坡度。结构找坡省工省料，较为经济，适用于平面形状较为简单的建筑物。

2. 排水方式的选择

平屋顶的排水坡度较小，要把屋面上的雨雪水尽快地排除，就要组织好屋顶的排水系统，选择合理的排水方式。

屋顶排水方式可分为无组织排水和有组织排水两大类（图 3-96）。

（1）无组织排水［图 3-96（a）］

无组织排水又称自由落水，是使屋面的雨水由檐口自由滴落到室外地面。这种做法构造简单、经济，一般适用于低层和雨水较少的地区。

（2）有组织排水［图 3-97（b）～（h）］

有组织排水是将屋面划分成若干排水区，按一定的排水坡度把屋面雨水有组织地排到檐沟或雨水口，通过雨水管排泄到散水或明沟中，再通往城市地下排水系统。

有组织排水可分为外排水和内排水两种，一般大量性民用建筑多采用外排水，视其檐口做法又可分为檐口外排水和女儿墙外排水。

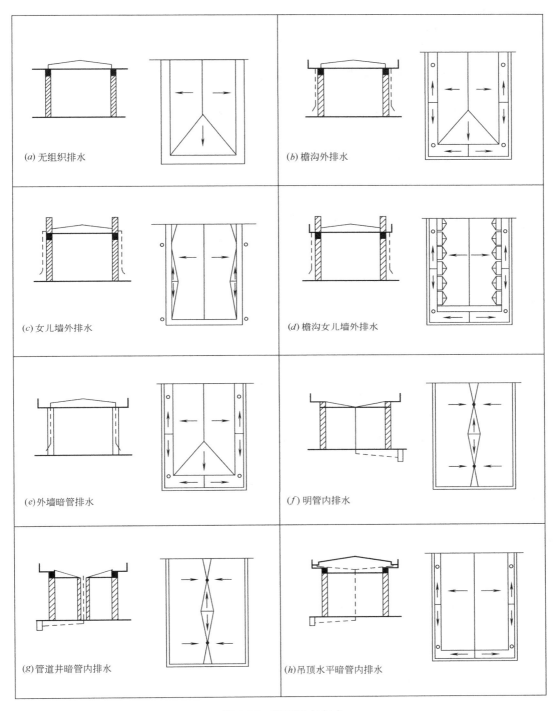

图 3-96　屋面排水方式

（a）无组织排水　（b）檐沟外排水　（c）女儿墙外排水　（d）檐沟女儿墙外排水　（e）外墙暗管排水　（f）明管内排水　（g）管道井暗管内排水　（h）吊顶水平暗管内排水

　　由于某些大型公共建筑的屋顶面积大，雨水流经屋面的距离过长，为防止大雨来时不能将雨水及时排出，故应采用有组织内排水的方式。严寒地区为防止雨水管冰冻堵塞，多跨房屋的中间跨、高层建筑均可采用有组织内排水方式。

雨水口的最大间距：单层厂房30m，挑檐平屋面24m，女儿墙平屋面及内排水暗管排水平屋面18m，瓦屋面15m。雨水管直径常用100mm。

（二）卷材防水屋面

卷材防水系将柔性的防水卷材或片材等用胶结料粘贴在屋面上，形成一个大面积的封闭防水覆盖层。

这种防水层具有一定的延伸性，有利于适应直接暴露在大气层的屋面和结构的温度变形，亦称柔性防水屋面。

1. 防水卷材的类型

（1）沥青防水卷材

以原纸、纤维织物、纤维毡等胎体材料浸涂沥青，表面撒布粉状、粒状或片状材料制成可卷曲的片状防水材料。如石油沥青纸胎油毡，这是我国传统的防水材料，但因存在热施工、污染环境、低温脆裂、高温流淌等问题，现已逐渐被取代。

（2）高聚物改性沥青防水卷材

以合成高分子聚合物改性沥青为涂盖层，纤维织物或纤维毡为胎体、粉状、粒状、片状或薄膜材料为覆面材料制成的可卷曲的片状防水材料。如SBS弹性卷材、APP塑性卷材等。

（3）合成高分子防水卷材

以合成橡胶、合成树脂或它们两者的共混体为基料，加入适量的化学助剂和填充料等，经不同工序加工而成可卷曲的片状防水材料。如三元乙丙防水卷材、氯化聚乙烯防水卷材、聚氯乙烯防水卷材、氯磺化聚乙烯和氯化聚乙烯橡胶共混防水卷材等。

2. 卷材防水屋面的构造层次和做法

卷材防水屋面按防水所要求的基本构造层次有找平层、结合层、防水层和保护层。

（1）防水层

防水层由防水卷材和相应的卷材粘结剂分层粘结而成，层数或厚度由防水等级确定。具有单独防水能力的一个防水层次称为一道防水设防。

卷材的铺贴方法有冷粘法、热熔法、热风焊接法、自粘法等。卷材可平行或垂直屋脊铺贴。但屋面坡度小于3％时，卷材宜平行屋脊铺贴；屋面坡度大于15％或受震动时，沥青防水卷材应垂直屋脊铺贴。

（2）找平层

防水卷材应铺设在平整、干燥的平面上，因此应在防水层下面设找平层。找平层一般采用1：2.5～1：3的水泥砂浆，厚度为15～30mm，也可采用细石混凝土或沥青砂浆。

（3）结合层

为使防水层与找平层粘结牢固，应在防水层和找平层之间设结合层，即在找平层上喷涂或涂刷基层处理剂。基层处理剂的选择应与防水卷材的材性相容，使之粘结良好，不发生腐蚀等侵害。

（4）保护层

为防止太阳辐射、雨水冲刷、温度变化和外力作用等对防水层造成损害，延长卷材防水层的使用寿命，应在卷材防水层上设保护层。保护层的构造做法应视屋面的利用情况而定。

不上人屋面的保护层可采用浅色涂料、铝箔、矿物粒料、水泥砂浆等材料，也可采用20mm厚水泥砂浆做保护层。传统的沥青油毡防水层上可选用粒径为3～5mm、色浅、耐风化和颗粒均匀的绿豆砂做保护层。上人屋面的保护层可采用40～50mm厚的块体材料，细石混凝土等材料做保护层。

当卷材本身带保护层时，不再另做保护层。架空隔热屋面或倒置式屋面的卷材防水层上可不做保护层。

卷材防水屋面的构造层次和常见做法见图3-97。

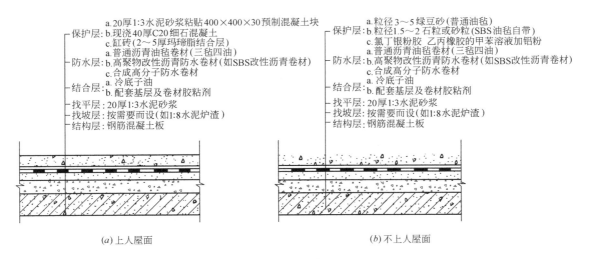

(a) 上人屋面　　　　　　　　　　　(b) 不上人屋面

图 3-97　卷材防水屋面的构造层次和做法

3. 卷材防水屋面的细部构造

屋面细部构造应包括檐口、檐沟和天沟、女儿墙和山墙、水落口、变形缝、伸出屋面管道、屋面出入口、反梁过水孔、设施基座、屋脊屋顶窗等部位。如果构造上处理不当就很容易出现漏水现象，所以在这些部位应加铺一层附加卷材。这些细部构造的做法和构造要点说明如下：

（1）泛水

泛水是指屋面与垂直墙面交接处的防水处理，如屋面与女儿墙、高低屋面间的立墙、出屋面的烟道或通风道与屋面的交接处，屋面变形缝处等均应做泛水处理。其方法如下：首先应将防水层下的找平层做至墙面上，转角处做成45°斜角或圆角，使屋面卷材铺至垂直墙面上时能够贴实，且在转折处不易折裂或折断，卷材卷起高度（也称泛水高度）不少于250mm，以免屋面积水超过卷材而造成渗漏。最后，在垂直墙面上应把卷材上口压住，防止卷材张口，造成渗漏。其做法见图3-98。

（2）檐口

卷材防水屋面的檐口有自由落水檐口、挑檐沟檐口、女儿墙内檐沟檐口和女儿墙外檐沟檐口等类型。

在自由落水檐口中，为了使屋面雨水能迅速排除，在距檐口0.2～0.5m范围内的屋面坡度不宜小于15%。当檐口出挑较小时，可用砖叠砌挑出，当檐口出挑较大时，常采

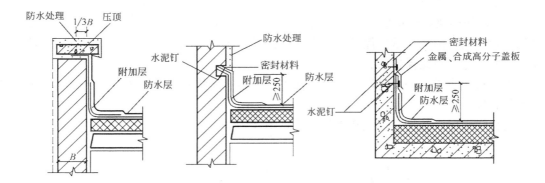

图 3-98　泛水构造

用现浇或预制的钢筋混凝土挑檐板挑出。预制的挑檐板应锚固在墙里或与屋面板焊接在一起。檐口处要做滴水线，并用 1：3 水泥砂浆抹面。卷材收头处应固定密封。

有组织排水檐口的构造见图 3-99。无组织排水檐口构造见图 3-100。

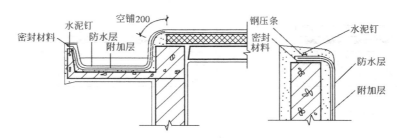

图 3-99　有组织排水檐口构造

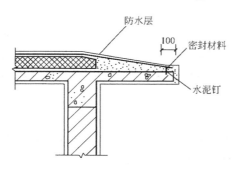

图 3-100　无组织排水檐口构造

（3）水落口

按排水方式不同分重力式排水和虹吸式排水两种。重力式排水为传统的排水方式，水落口有直式和横式水落口之分（图 3-101），可采用塑料或金属制品，水落口的金属配件均应做防锈处理；水落口杯应牢固地固定在承重结构上，水落口处的防水构造，采取多道设防、柔性密封、防排结合的原则处理；在水落口周围直径 500mm 的排水坡度应不小于 5%，防水层下应增设涂膜附加层；防水层和附加层伸入水落口杯内不应小于 50mm，并应粘结牢固。虹吸式排水的水落口防水构造应进行专项设计。

（三）刚性防水屋面

刚性防水屋面是以刚性材料作为防水层的屋面。如采用防水砂浆抹面或用密实混凝土浇筑成面层的屋面，都属于刚性防水屋面。

防水砂浆防水层是采用 1：2 水泥砂浆加水泥用量的 3%～5% 的防水剂（或粉）拌匀，在钢筋混凝土屋面板上抹 20mm 厚。

细石混凝土防水层，一般是在钢筋混凝土空心板或槽形板等屋面承重结构上，浇筑不

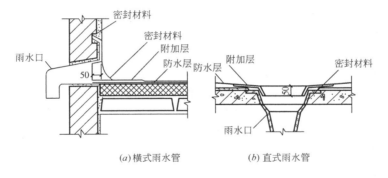

(a) 横式雨水管   (b) 直式雨水管

图 3-101　水落口构造

小于 40mm 厚 C20 细石混凝土。为了防止因结构层变形而引起防水层开裂，要加强防水层的整体性，通常在混凝土中设置 $\phi 4 \sim 6mm@100 \sim 200mm$ 的双向钢筋。钢筋位置应靠近上表面，以防止表面出现裂缝，其构造见图 3-102。

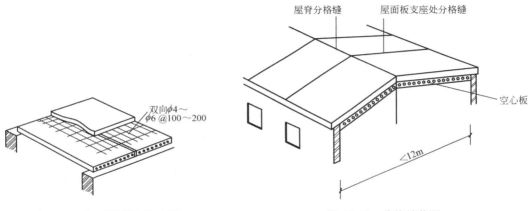

图 3-102　细石混凝土防水层　　　　　　图 3-103　分格缝位置

　　为了防止因温度变化产生的裂缝无规律地开展，通常刚性防水层应设置分格缝（又称分仓缝）。分格缝的位置，应设在屋面板的支撑墙、屋面转折处，防水屋面与突出屋面结构的交接处，并应于板缝对齐，其纵横间距不宜大于 6m，缝中应嵌填密封材料。矩形平面房屋，进深在 12m 以下时，可在屋脊处设纵向分格缝；进深大于 12m 时，可在坡面中间某一板缝处（横墙承重时）再设一道纵向分格缝。分格缝的位置见图 3-103。

　　分格缝的宽度为 20 ～ 40mm，分格缝中应嵌填密封材料，上部铺贴防水卷材（图 3-104）。

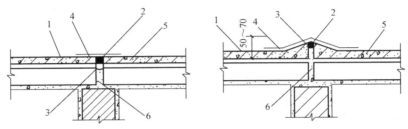

图 3-104　分格缝构造

1—刚性防水层；2—密封材料；3—背衬材料；
4—防水卷材；5—隔离层；6—细石混凝土

（四）平屋顶涂料防水和粉剂防水屋面

除了刚性防水和柔性卷材防水屋面外，还有涂料和粉剂防水屋面。

1. 涂料防水屋面

涂料防水又称涂膜防水，系可塑性和粘结力较强的高分子防水涂料，直接涂刷在屋面基层上，形成一层满铺的不透水薄膜层，以达到屋面防水的目的。一般有乳化沥青类、氯丁橡胶类、丙烯酸树脂类、聚氨酯类和焦油酸性类等，种类繁多。通常分两大类，一类是用水或溶剂溶解后在基层上涂刷，通过水或溶剂蒸发而干燥硬化；另一类是通过材料的化学反应而硬化。这些材料多数具有防水性好、粘结力强、延伸性大和耐腐蚀、耐老化、无毒、不延燃、冷作业、施工方便等优点，但涂膜防水价格较贵，成膜后要加以保护，以防硬杂物碰坏。

涂膜的基层为混凝土或水泥砂浆，应平整干燥，涂刷防水材料须分多次进行。乳剂型防水材料，采用网状布织层如玻璃布等可使涂膜均匀，一般手涂 3 遍可做成 1.2mm 的厚度。溶剂型防水材料，手涂一次可涂 0.2～0.3mm 左右，干后重复涂 4～5 次，可作 1.2mm 以上的厚度。

涂层应设保护层，保护层材料可采用细砂、云母，出至石、浅色涂料、水泥砂浆或块材。采用水泥砂浆或块材时，应在涂膜和保护层之间设隔离层。水泥砂浆保护层厚度不宜小于 20mm。为防太阳辐射影响及色泽需要，可适量加入银粉或颜料作着色保护涂料。上人屋面，一般在防水层上涂抹一层 5～10mm 厚粘接性好的聚合物水泥砂浆，干燥后再抹水泥砂浆面层（图 3-105）。

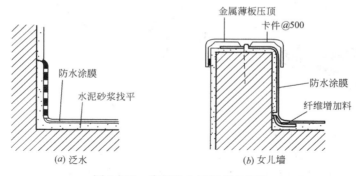

(a) 泛水　　　　　　　(b) 女儿墙

图 3-105　涂料防水屋面节点构造

2. 粉剂防水屋面

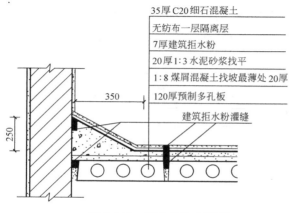

图 3-106　拒水粉防水屋面

粉剂防水又称拒水粉防水，系以硬脂酸为主要原料的憎水性粉剂防水屋面。一般在平屋顶的基层结构上先抹水泥砂浆或细石混凝土找平层，铺上 5～10mm 厚的建筑拒水粉，再覆盖保护层即成（图 3-106）。

（五）平屋顶的保温与隔热

寒冷地区，为阻止冬季时室内热量通过屋顶向外散失，需对屋顶采取保温措施。在我国南方等地区，夏季时为避免屋顶吸收大量辐射热并传至室内，因而，需对屋顶做隔热处理。

1. 保温层

保温层的保温材料，一般多选用密度小的多孔松散材料，如膨胀珍珠岩、膨胀蛭石、矿渣、炉渣等。但在松散材料上抹水泥砂浆找平层较困难。为了解决这个问题，应在保温层上部掺入少量水泥、白灰等材料，做成 40mm 左右厚的轻混凝土层，再在这一层上抹水泥砂浆找平层。

为了提高施工效率，可以采用轻质块材作保温材料，常用的有水泥或沥青胶结的膨胀珍珠岩预制块、加气混凝土块等。块材铺设后的缝隙要用膨胀珍珠岩填实，避免形成热桥。

保温层的位置一般有三种处理方式：一种是将保温层放在防水层之下，结构层之上，成为封闭式的保温层；另一种是放置在防水层之上，成为敞露的保温层；再一种是将保温和承重功能结合在一起，即保温层做在承重层范围内。

2. 隔汽层

在采暖地区，冬季室内的湿度比室外大，室内水蒸气将向室外渗透。在屋顶中，当水蒸气透过结构层进入保温层后，会使保温层含水率增加。又由于保温层上面的防水层是不透气的，保温层中的水分不能散失，保温层会逐渐随着水分的增加而失去保温作用。因此在保温层下设置隔蒸汽层，简称隔汽层，以防止室内水蒸气进入保温层内。

隔汽层一般做法是在结构层上先做找平层（1：3 水泥砂浆厚 20mm 左右），在找平层上涂刷防水涂料或铺贴一层卷材。

3. 隔热层

南方地区夏季太阳辐射热使屋面的表面温度升高，热量传入室内使室温增加，影响生活和工作。为此，对屋顶要进行隔热构造处理。

（1）通风降温屋顶

在屋顶上设置通风的空气间层，利用间层中空气的流动带走热量，从而降低屋顶内表面温度（图 3-107）。

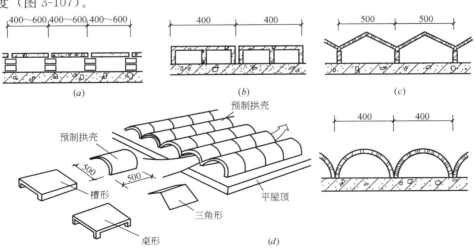

图 3-107 架空通风隔热屋面类型

（a）架空大阶砖或预制细石混凝土板；（b）架空冂形混凝土板；

（c）架空钢丝网水泥折板；（d）架空钢筋混凝土半圆拱

（2）实体材料隔热屋顶

在屋顶上增设实体材料，如大阶砖或混凝土板等，利用材料的热稳定性使屋顶内表面温度有较大的降低。但这种构造做法使屋顶重量增加，故目前使用较少［图 3-108（a）、(b)、(c)］。

（3）蓄水屋面

蓄水屋面是在刚性防水屋面上蓄一层水，其目的是利用水蒸发时，带走大量水层中的热量，从而降低屋面温度，起到隔热效果［图 3-108（d）］。

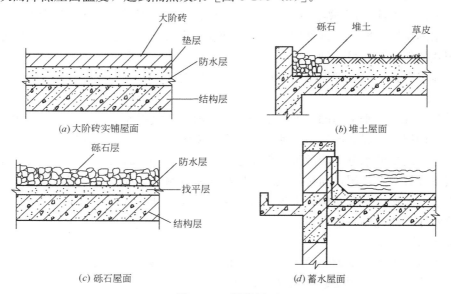

(a) 大阶砖实铺屋面

(b) 堆土屋面

(c) 砾石屋面

(d) 蓄水屋面

图 3-108　隔热屋面

（4）反射降温屋面

利用屋面材料表面的颜色和光滑程度对辐射热的反射作用，从而降低屋顶底面的温度。例如，采用浅色砾石铺面或屋面上涂刷石灰水等。

五、坡屋顶

坡屋顶是由带有坡度的倾斜面相互交错而成。斜面相交的阳角称为脊，相交的阴角称为沟（图 3-109）。坡屋顶的形式很多，常见的有单坡顶、双坡顶和四坡顶。

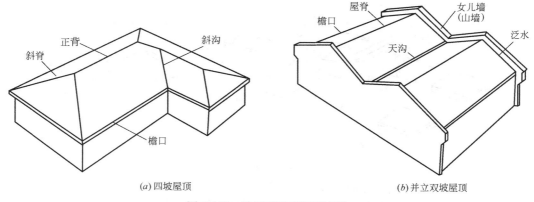

(a) 四坡屋顶

(b) 并立双坡屋顶

图 3-109　坡屋顶坡面组织名称

（一）坡屋顶的组成

坡屋顶一般由承重结构和屋面两部分所组成，必要时还有保温层、隔热层及顶棚等（图 3-110）。

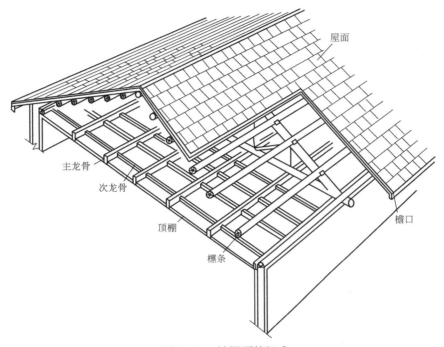

图 3-110　坡屋顶的组成

承重结构：主要是承受屋面荷载并把它传递到墙或柱上，一般有椽子、檩条、屋架或大梁等。

屋面：是屋顶的上覆盖层，直接承受风雨、冰冻和太阳辐射等大自然气候的作用，它包括屋面盖料和基层如挂瓦条、屋面板等。

顶棚：是屋顶下面的遮盖部分，可使室内上部平整，有一定光线反射，起保温隔热和装饰作用。

保温或隔热层：是屋顶对气温变化的围护部分，可设在屋面层或顶棚层，视需要决定。

（二）坡屋顶的承重结构

坡屋顶的承重结构有山墙承重、屋架承重和梁架承重等。

1. 山墙支承

山墙常指房屋的横墙，利用山墙砌成尖顶形状直接搁置檩条以承受屋顶重量。这种结构形式叫"山墙承重"或"硬山搁檩"（图 3-111）。此种做法简单经济，一般适合于多数相同开间并列的房屋，如宿舍、办公室等。

2. 屋架支承

一般建筑常采用三角形屋架，用来架设檩条以支承屋面荷载。通常屋架搁置在房屋纵向外墙或柱墩上，使建筑有一较大的使用空间（图 3-112）。当房屋内部有纵向承重墙或柱可作为屋架支点者，也可利用作内部支承。

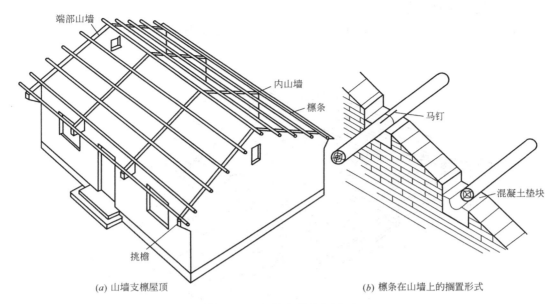

端部山墙

内山墙

檩条

马钉

混凝土垫块

挑檐

(a) 山墙支檩屋顶

(b) 檩条在山墙上的搁置形式

图 3-111　山墙支承檩条屋面

3. 梁架支承

是传统屋顶的结构形式，以柱和梁形成梁架支承檩条，每隔两根或三根檩条立一柱，并利用檩条及连系梁，把整个房屋形成一个整体的骨架。墙只起围护和分隔作用，不承重。

（三）坡屋顶的屋面盖料

坡屋顶的屋面防水盖料种类较多，我国目前采用的有弧形瓦（或称小青瓦）、平瓦、波形瓦、油毡瓦、装饰瓦、金属瓦、平板金属瓦、构件自防水及草顶、灰土顶等。在这里着重讲述平瓦屋面的构造。

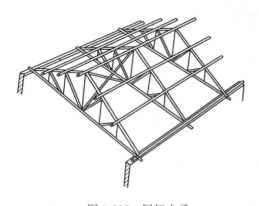

图 3-112　屋架支承

平瓦有水泥瓦与黏土瓦两种，其外形按排水要求设计和制作。每片瓦的尺寸约为 400mm×230mm，互相搭接后有效尺寸约为 330mm×200mm，每平方米屋面约需 15 块。在坡屋顶中，平瓦应用广泛。平瓦屋面的缺点是接缝多，当不设屋面板时容易飘进雨雪造成屋顶漏水。平瓦屋面的坡度通常不宜小于 1/2（26°34'）。

常用的平瓦屋面构造有以下三种：

1. 冷摊瓦屋面

冷摊瓦屋面是在屋架上弦或椽子上直接钉挂瓦条，在挂瓦条上挂瓦，其构造见图 3-113。这种做法的缺点是瓦缝容易渗漏，屋顶的保温效果差。

2. 屋面板平瓦屋面

屋面板平瓦屋面是在檩条或椽子上钉屋面板，屋面板上钉顺水条和挂瓦条，然后挂瓦的屋面。

屋面板为 15～25mm 厚的平口毛木板（称木望板），板上平行于屋脊方向铺一层卷材，

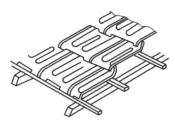

图 3-113　冷摊瓦屋面

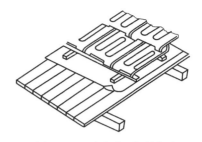

图 3-114　木望板平瓦屋面

用顺水条将卷材钉在屋面板上，在顺水条上钉挂瓦条挂瓦。这种做法的优点是由瓦缝渗漏的雨水被阻于卷材之上，可以沿顺水条排除，屋顶的保温效果也好。屋面板平瓦屋面的构造见图 3-114。

3. 钢筋混凝土挂瓦板平瓦屋面

将钢筋混凝土挂瓦板搁置在横墙或屋架上，可以代替檩条、屋面板和挂瓦条，并能得到平整的底面。这种做法的缺点是瓦缝中渗漏的雨水不易排除，会导致挂瓦板底面渗水。挂瓦板与横墙应连接牢固。一般做法是将挂瓦板套入屋架或横墙混凝土垫块的预埋钢筋中，或预埋钢件焊接。挂瓦板之间的连接是将两块板的预留孔用 8 号铁丝扎牢，再用 1:2 水泥砂浆填嵌密实。挂瓦板平瓦屋面的构造见图 3-115。

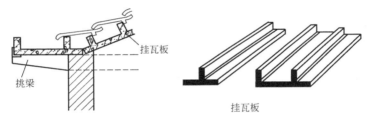

图 3-115　钢筋混凝土挂瓦板平瓦屋面

（四）坡屋顶的檐口构造

坡屋顶平瓦屋面的檐口有两大类，一为挑檐口，一为女儿墙檐口。挑檐口应注意保持其坡度与屋面坡度一致。

1. 砖挑檐

砖挑檐适用于出檐较小的檐口，用砖叠砌的出挑长度一般为墙厚的 1/2，并不大于240mm。檐口第一排瓦伸出 50mm ［图 3-116 (a)］。

2. 屋面板挑檐

屋面板出挑檐，由于屋面板较薄，出挑长度不宜大于 300mm。若能利用屋架托木或在横墙砌入挑檐木与屋面板及封檐板结合，出挑长度可适当加大 ［图 3-116 (b)］。

3. 挑檐木挑檐

当房屋承重系统为横墙承重时，可在横墙内伸出挑檐木支承屋檐。挑檐木伸入墙内的长度应不小于伸出长度的两倍，挑檐木挑檐构造见图 3-116 (c)。

4. 椽木挑檐

有椽子的屋面可以用椽子出挑，檐口处可将椽子外露，也可在椽子端部钉封檐板。这种做法的出檐长度一般为 300～500mm ［图 3-116 (d)］。

5. 挑檩檐口

在檐口墙外面加一檩条，利用屋架下弦的托木或横墙砌入的挑檐木作为檐檩的支托 [图 3-116 (e)]。

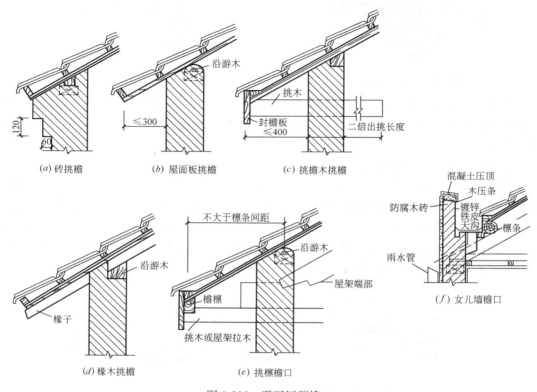

(a) 砖挑檐   (b) 屋面板挑檐   (c) 挑檐木挑檐

(d) 椽木挑檐   (e) 挑檩檐口   (f) 女儿墙檐口

图 3-116　平瓦屋顶檐口

6. 女儿墙檐口

有的坡屋顶将檐墙砌出屋面形成女儿墙，屋面与女儿墙之间要做檐口。女儿墙檐口的构造复杂，容易漏水，应尽量少用。女儿墙檐口的做法是在檐口处铺设 20mm 厚的木屋面板，在屋面板上用镀锌铁皮作防水层，其构造见图 3-116 (f)。

第六节　门　与　窗

门和窗是房屋建筑中的围护构件，在不同的情况下，有分隔、采光、通风、保温、隔声、防水及防火等不同的要求。窗的主要功能是采光，通风及观望；门的主要功能是交通出入，分隔联系建筑空间，有时也起通风、采光作用。此外，门、窗对建筑物的外观及室内装修造型影响也很大。因此，对门和窗要求坚固耐用、美观大方、开启方便、关闭紧密、便于清洁维修。常用门窗材料有木、钢、铝合金、塑料和玻璃等。

一、木窗构造

（一）窗的开启方式

窗的开启方式主要取决于窗扇转动五金的位置及转动方式，通常有如下几种（图 3-117）：

固定窗：不设窗扇，一般将玻璃直接安装在窗框上，仅供采光及眺望，不能通风。

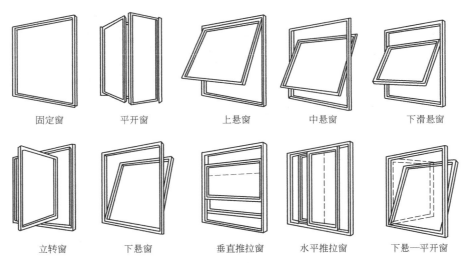

固定窗　　平开窗　　上悬窗　　中悬窗　　下滑悬窗

立转窗　　下悬窗　　垂直推拉窗　水平推拉窗　下悬—平开窗

图 3-117　窗的开启方式

平开窗：平开窗在民用建筑中使用最广泛，平开窗构造简单，开关灵活，维修方便，窗扇侧边用铰链与窗框连接，水平开启。有内开和外开之分，外开时不占室内空间，利于防水处理。

悬窗：按转动铰链或转轴位置的不同有上悬、中悬、下悬窗之分，一般上悬和中悬窗向外开启，防雨通风较好，常用于高窗。下悬窗不能防雨，只适用于内墙高窗及门上腰头窗。

立转窗：立转窗是窗扇绕竖轴水平向旋转的窗。引风效果好，防雨及密闭性差，多用于低侧窗。

推拉窗：推拉窗是窗扇沿导轨或滑槽进行推拉，不占空间，窗前受力状态好，适宜安装较大玻璃，通风面积受限制。分垂直推拉和水平推拉两种。

（二）窗的组成和尺度

1. 窗的组成及各部分名称

窗主要由窗框、窗扇、五金零件和附件四部分组成，如图 3-119 所示。窗框由上框、下框、边框、中横框、中竖框组成；窗扇由边梃、上冒头、下冒头、窗芯、玻璃（或窗纱、百叶）等组成；五金零件如铰链、风钩、插销、拉手等；附件如贴脸、窗台板、筒子板、木压条等。

2. 窗的尺度

窗洞口的宽度和高度应满足窗地比要求，应符合《建筑模数协调统一标准》的规定，使用时可按标准图予以选用。从构造上讲，一般平开窗的窗扇宽度为 400～600mm，高度为 800～1500mm，腰头窗高度为 300～600mm，固定窗和推拉窗尺寸可大些。

（三）窗框

1. 窗框的截面形式与尺寸见图 3-119。

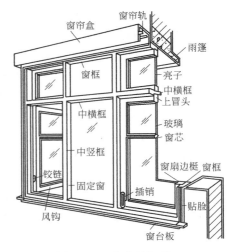

图 3-118　木窗的组成

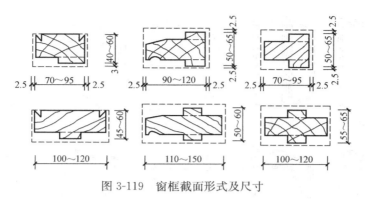

图 3-119　窗框截面形式及尺寸

2. 窗框的安装

窗框位于墙和窗扇之间。木窗窗框的安装有两种方法：一种是砌筑墙体时预留窗口，然后将窗框塞入口内，即塞口施工法。另一种是先立窗框，后砌墙，即立口施工法。不论是立口或是塞口，窗扇的安装，都要等墙体建成后方可进行。

3. 窗框在墙洞中的位置

窗框与墙身的结合位置，根据使用要求和墙体材料、墙厚而异，一般有窗框内平、窗框居中、窗框外平三种形式（图 3-120）。窗框内平所占空间多；窗框外平，开启角度最大，所占空间少；窗框居中布置，外侧可设窗台，内侧可设窗台板。

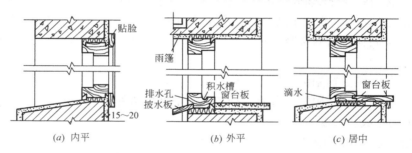

图 3-120　木窗框在墙中的位置及处理

4. 窗框与墙的关系

塞口的窗框每边应比窗洞小 10～20mm，窗框与墙之间的缝应进行处理。为抗风雨，外侧须用砂浆嵌缝、钉压缝条或采用贴脸板盖缝等；寒冷地区为保温和防止灌风，窗框与墙间的缝应用纤维或毡类如毛毡、麻丝或泡沫塑料绳等垫塞；为减少窗框靠墙一面受潮变形，常在窗框外侧开槽，并做防腐处理；同时，为使墙面粉刷能与窗框嵌牢，常在窗框靠墙一侧内外二角做灰口。

5. 窗框与窗扇的关系

窗扇与窗框之间，要求关闭紧密、开启方便、防风雨。通常在窗框上做裁口，深约 10～12mm，也有钉小木条形成裁口以减少对窗框木料的削弱。可适当加大裁口深度（约 15mm）或在窗框口留槽，形成空腔的回风槽，以提高防风雨的能力（图 3-121）。

外开窗的上口和内开窗的下口是防水的薄弱环节（图 3-122），一般需做挡水板和滴水槽以防雨水内渗，并在窗框内槽等处做积水槽和排水小孔，以利将渗入的雨水排除（图 3-123）。

单裁口　双裁口　盖口式　带回风槽

图 3-121　窗框与窗扇间的裁口处理

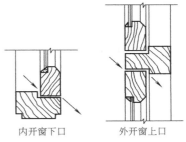

内开窗下口　　外开窗上口

图 3-122　窗缝易渗水部位

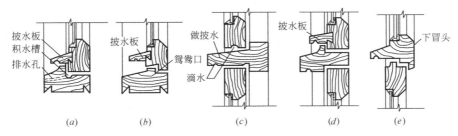

(a)　　　(b)　　　(c)　　　(d)　　　(e)

图 3-123　平开木窗防水措施

（四）窗扇

1. 窗扇的组成及截面形状

玻璃窗的窗扇是由上冒头、下冒头、边梃、窗芯和玻璃组成（图 3-124）。为镶嵌玻璃，在冒头、边梃和窗芯上，做 8～12mm 宽的铲口且不宜超过窗扇厚度的 1/3，铲口多设在窗扇外侧，以利防水、抗风和美观。为减少木料的挡光和美观要求，尚可做线脚（图 3-125）。

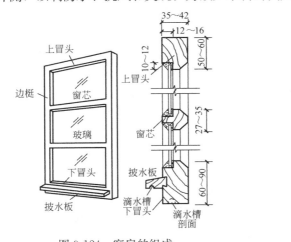

图 3-124　窗扇的组成

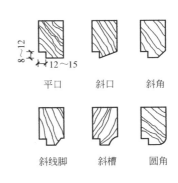

平口　　斜口　　斜角

斜线脚　　斜槽　　圆角

图 3-125　窗扇线脚

两扇窗的接缝处，为了关闭严密，一般做高低缝盖口，必要时可加钉盖缝条（图 3-126）。

图 3-126　窗扇交缝盖口

2. 玻璃的选择与安装

窗扇的玻璃一般选用 3mm 厚的平板玻璃，当窗玻璃面积较大时可采用 5mm 或 6mm 厚平板玻璃。为了遮挡视线，可采用磨砂玻璃和压花玻璃。为了隔热，可采用吸热玻璃，另有变色玻璃、镜面玻璃等。窗上的玻璃一般采用油灰嵌固，也可用木压条固定。

二、木门的构造

（一）门的开启方式

门的开启方式主要是由使用要求决定的，通常有以下几种形式（图 3-127）：

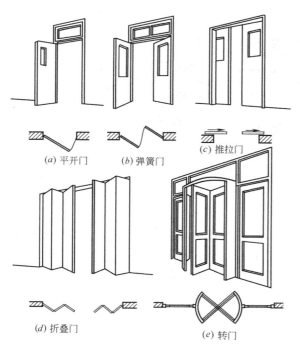

(a) 平开门　　(b) 弹簧门　　(c) 推拉门

(d) 折叠门　　(e) 转门

图 3-127　门的开启方式

平开门：有单扇、双扇及内开和外开之分，制作安装方便、开启灵活、构造简单，是一般建筑中使用最广泛的门。

弹簧门：门扇装设弹簧铰链，能自动关闭，使用方便。适用于人流出入频繁或有自动关闭要求的场所。

推拉门：门扇开关时能沿轨道左右水平滑行，开启时所占空间较少，常用于各种大小洞口的民用及工业建筑。

折叠门：在门顶或门底装设滑轮及导向装置，开关时门扇沿着导向装置移动。适用于宽度较大的门洞，如仓库、商店等。

转门：三扇或四扇门组合在同一个垂直轴上，可水平旋转，一般都有两个弧形门套，使用时可减少室内冷气或暖气的损失，但制作复杂，常用于公共建筑中的主要入口。

另外还有上翻门、升降门、卷帘门等，一般适用于较大的活动空间，如车间、车库及商业建筑等。

（二）门的组成与尺度

1. 门的组成

门主要由门框、门扇、亮子、五金零件及其他附件组成。门框一般由边框、上框、中横框和中竖框等组成。门扇一般由上冒头、中冒头、下冒头、边梃、门芯板、玻璃等组成。亮子又称腰头窗，在门的上方，为辅助采光和通风之用，并可用来调整门的尺寸和比例。五金零件一般有铰链、门锁、插销、门碰头等。其他附件有门下槛、贴脸板和筒子板等。

2. 门的尺度

门的尺度应满足人流通行、交通疏散、家具搬运的要求，而且应符合《建筑模数协调统一标准》的规定。一般供人日常生活的门，门扇高度在 1900～2100mm 左右；宽度：单扇门 900～1000mm，辅助房间如浴厕、贮藏室的门 600～800mm，双扇门为 1500～1800mm。腰头窗高一般为 300～600mm。公共建筑和工业建筑的门按具体要求适当提高。

（三）平开木门的构造

1. 门框

门框的断面形状，基本上与窗框相同，只是门的负载较大，必要时尺寸可适当加大。门框与墙的结合位置，一般都做在开门方向的一边，与抹灰齐平，这样门开启的角度大。

门框与墙的结合方式，基本上与窗框类同，一般门的悬吊重力和碰撞力均较窗为大，门框四周的抹灰极易开裂，甚至振落，因此抹灰要嵌入门框铲口内，并做贴脸木条盖缝。贴脸木条与地板踢脚线收头处，一般做成比贴脸木条放大的木块，称为门蹬（图3-128）。

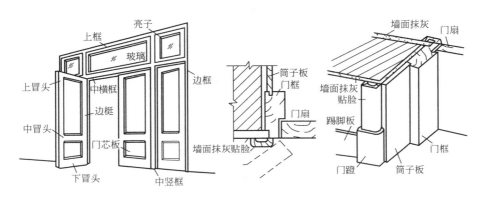

图 3-128 门的构造

2. 门扇

常用于民用建筑的平开木门扇有夹板门、镶板门和拼板门三种（图3-129）。

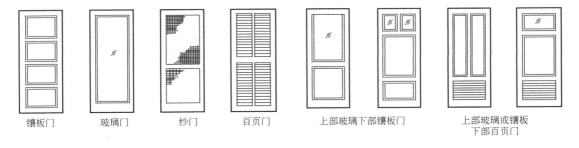

| 镶板门 | 玻璃门 | 纱门 | 百页门 | 上部玻璃下部镶板门 | 上部玻璃或镶板
下部百页门 |

图 3-129 门扇

（1）镶板门

镶板门是最常用的一种门扇形式，由边梃和上、中、下冒头组成骨架，内镶门芯板（胶合板、木板、硬质纤维板、玻璃等）（图3-130）。木制门板厚度一般为10～15mm。门芯板的拼缝处理方式有四种［图3-131（a）］，构造简单，制作方便，适于一般民用建筑作内门和外门。

（2）夹板门

中间为轻型骨架双面贴薄板的门。这种门用料省，自重轻，外形简洁，便于工业化生产，一般广泛用于房屋内门。

夹板门的骨架，一般用厚32～35mm，宽34～60mm的木料做框子，内为格形肋条，

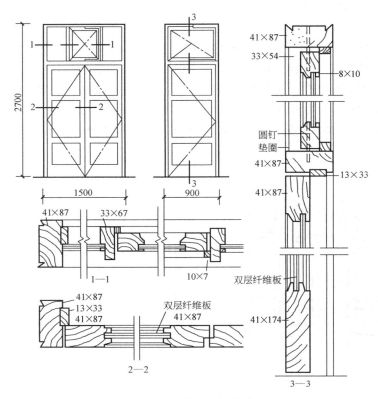

图 3-130　镶板门的构造

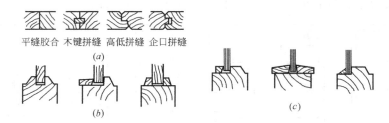

图 3-131　门芯板的镶嵌结合构造

（a）门芯板的拼缝处理；（b）门芯板与边框的镶嵌；（c）玻璃与边框的镶嵌

肋条的宽同框料，厚为 10～25mm，肋间距约为 200～400mm，装销处须另加附加木（图 3-132）。夹板门的面板一般用胶合板、硬纤维板或塑料板，用胶结材料双面胶结。

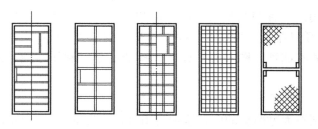

（a）横向骨架；（b）双向骨架；（c）双向骨架；（d）密肋骨架；（e）蜂窝纸骨架

图 3-132　夹板门骨架形式

三、金属门窗

随着新材料、新技术的不断发展，木门窗已远远不能适应大面积、高质量的保温、隔声、隔热、防火等要求。钢门窗尤其是铝合金门窗和塑钢门窗因其轻质高强，节约木材，密闭性能好，透光系数大，外观美等优点，已得到了广泛的应用。

（一）钢门窗

钢门窗在我国应用已较为普遍，所用材料有门窗用型钢和薄壁空腹型钢两种，所以钢门窗分为实腹式和空腹式两大类。

（1）一般实腹式钢门窗用型钢有 25、32 及 40mm，一般来说，若洞口面积不超过 3m²，采用 25mm 窗料，若洞口面积不超过 4m²，采用 32mm 窗料；若洞口面积大于 4m²，采用 40mm 窗料（图 3-133）。

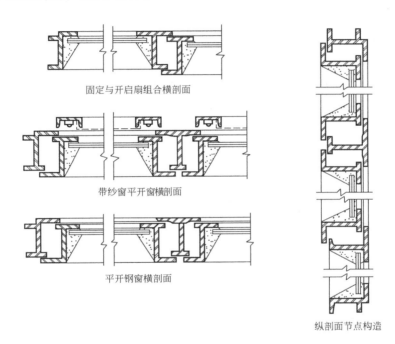

固定与开启扇组合横剖面

带纱窗平开窗横剖面

平开钢窗横剖面

纵剖面节点构造

图 3-133　实腹式钢窗截面构造

（2）空腹式钢门窗料是用 1.5～2.5mm 厚的普通低碳带钢，经冷轧而成的薄壁空腹型钢。空腹式比实腹式节约钢材 40% 左右，重量轻，刚度大，外形美观，但由于壁薄，耐锈蚀不如实腹式，特别是在湿度大的地区较少采用（图 3-134）。

钢门窗框与墙、梁、柱的连接一般采用铆、焊两种方式，通常在钢门窗框四周每隔 500～700mm 装燕尾形铁脚，铁脚的一端用螺钉与门窗框拧紧，另一端用水泥砂浆埋入门窗洞预留孔内。在钢筋混凝土过梁上，应预留凹槽用水泥砂浆嵌固（图 3-135），或预埋钢板用乙形铁脚焊接。

大面积钢门窗可用基本门窗单元进行组合。组合时，须插入 T 形钢管、角钢或槽钢等支承、联系构件，这些支承构件须与墙、柱、梁牢固连接，然后各门窗基本单元再和它们用螺栓拧紧，缝隙用油灰嵌实（图 3-136）。

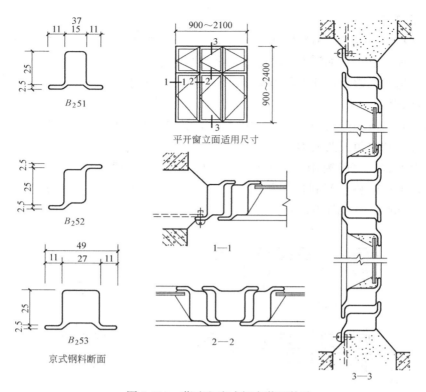

图 3-134　薄壁空腹式钢窗截面构造

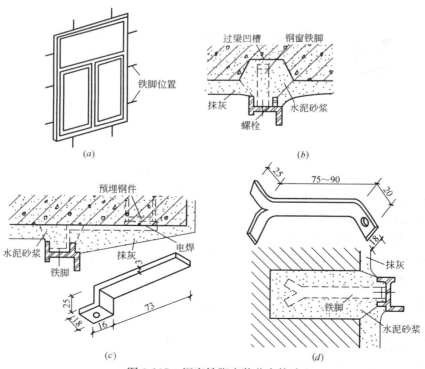

图 3-135　钢窗铁脚安装节点构造

（a）钢窗铁脚位置；（b）过梁凹槽内安铁脚；（c）过梁预埋钢件电焊铁脚；（d）砖墙留（凿）洞，水泥砂浆安铁脚

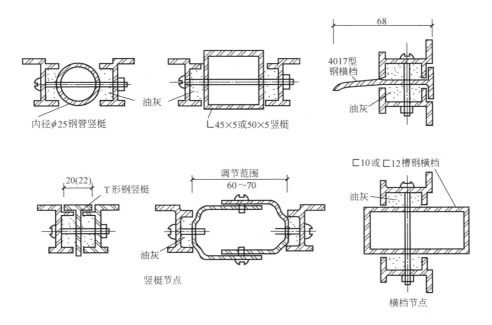

图 3-136 钢门窗组合节点构造

在钢门窗上镶嵌玻璃，须用钢卡或钢夹卡住，再嵌油灰固定，也有用木条、塑料条压固的。

（二）铝合金门窗

铝合金门窗具有强度大、耐蚀性好、密封性强、易于着色和修饰等优点，虽然其造价较钢窗和木窗昂贵，但由于其造型美观，寿命长，节约能源，得以日益广泛的应用。

铝合金门窗框外侧用螺钉固定着钢质锚固件，安装时与墙柱中的预埋钢件焊接或铆固（图 3-137）。

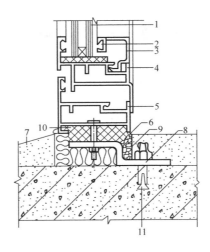

图 3-137 铝合金门窗安装节点

1—玻璃；2—橡胶条；3—压条；4—内扇；5—外框；6—密封膏；
7—砂浆；8—地脚；9—软填料；10—塑料垫；11—膨胀螺栓

第七节　变　形　缝

建筑物由于温度变化、地基不均匀沉降以及地震等因素的影响，使结构内部产生附加应力和变形，处理不当将会造成建筑物的破坏，产生裂缝甚至倒塌。其解决办法有二：一是加强建筑物的整体性，使之具有足够的强度和整体刚度来抵抗这些破坏应力，不产生破裂；二是预先在这些变形敏感部位将结构断开、预留缝隙，以保证各部分建筑物在这些缝隙中有足够的变形宽度而不造成建筑物的破损。这种将建筑物垂直分割开来的预留缝称为变形缝。

变形缝有三种，即伸缩缝、沉降缝和防震缝。

一、伸缩缝

（一）伸缩缝的设置

建筑物因受温度变化的影响而产生热胀冷缩，致使建筑物出现不规则破坏，为预防这种情况，常沿建筑物长度方向每隔一定距离或结构变化较大处预留缝隙，这条缝即为伸缩缝或称温度缝。

伸缩缝要求把建筑物的墙体、楼板层、屋顶等地面以上部分全部断开，基础部分因受温度变化影响较小，不需断开。伸缩缝的最大间距，应根据不同材料的结构而定，为保证伸缩缝两侧的建筑构件能在水平方向自由伸缩，缝宽一般为 20~30mm。

（二）伸缩缝构造

1. 墙体伸缩缝构造

砖墙伸缩缝一般做成平缝或错口缝，一砖半厚外墙应做成错口缝或企口缝。为保证外墙上伸缩缝两侧自由变形并防止风雨对室内的侵袭，常用浸沥青的麻丝或泡沫塑料填嵌缝隙，同时为考虑墙面上的缝对立面的影响，在可能的条件下，可以用雨水管将缝遮挡。内墙上的伸缩缝，则着重表面处理。伸缩缝构造详见图 3-138。

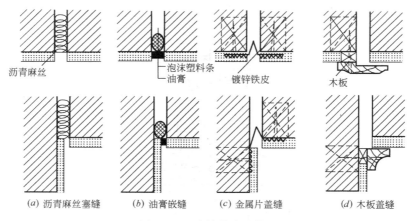

(a) 沥青麻丝塞缝　　(b) 油膏嵌缝　　(c) 金属片盖缝　　(d) 木板盖缝

图 3-138　墙体伸缩缝构造

2. 楼地层伸缩缝构造

楼板层变形缝的位置和大小应与墙体、屋面变形缝一致，而地坪层变形缝的位置、大小则应根据建筑物的使用情况而定。

楼板层变形缝的构造既要求面层、结构层在缝处全部脱开，又要求面层、顶棚均覆以盖缝板。盖缝板需以允许构件之间能自由变形为原则，缝内常以可压缩的变形材料做封缝处理。地坪变形缝只需做面层处理，在基层缝中填塞有弹性的松软材料即可。其具体构造见图 3-139。

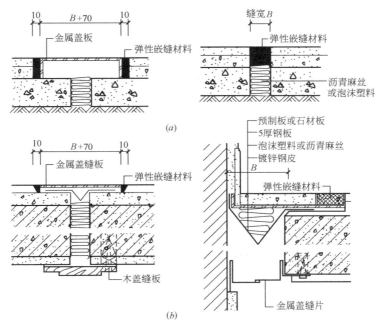

图 3-139　楼地层伸缩缝构造
（a）地面伸缩缝；（b）楼板层伸缩缝

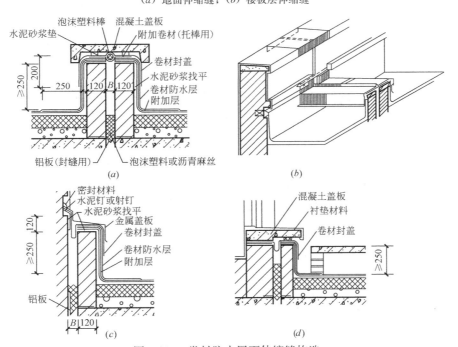

图 3-140　卷材防水屋面伸缩缝构造
（a）等高屋面伸缩缝；（b）伸缩缝透视图；（c）高低屋面伸缩缝；（d）屋面出入口处伸缩缝

3. 屋顶伸缩缝构造

屋顶上伸缩缝常见的有两边屋面在同一标高和高低屋面错层处，一般在伸缩缝处加砌矮墙，并做好屋面防水和泛水处理（图 3-140）。

二、沉降缝

（一）沉降缝的设置

当建筑物建造在土层性质差别较大的地基上，或因建筑物相邻部分的高度、荷载和结构形式差别较大时，建筑物会出现不均匀的沉降，以致建筑物的某些薄弱部位发生错动开裂。为此在适当位置设置垂直缝隙，把建筑物划分成几个可以自由沉降的单元，这条缝即为沉降缝。

沉降缝与伸缩缝不同处在于从建筑物基础底面至屋顶全部断开。沉降缝的宽度随地基情况和建筑物高度的不同而不同，一般为 50～70mm。

（二）沉降缝构造

沉降缝一般兼起伸缩缝的作用，其构造与伸缩缝基本相同，但盖缝条及调节片构造必

金属调节片

图 3-141　墙体沉降缝构造

须能保证在水平方向和垂直方向自由变形，屋顶沉降缝应充分考虑不均匀沉降对屋面泛水带来的影响，可用镀锌钢皮做调节，以利沉降（图 3-141）。

沉降缝在基础处的处理方案有双墙式和悬挑式两种（图 3-142）：

1. 双墙式方案，是在沉降缝两侧都设有承重墙，以保证每个沉降单元都有纵横墙联结，使建筑物的整体性较好，但易使基础偏心受力。

2. 悬挑式方案，是为了使沉降缝两侧的基础能自由沉降而又不互相影响常采用的办法，此时挑梁端上的墙体尽量用轻质隔墙并设构造柱。

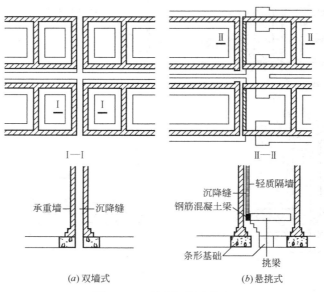

I—I　　　　　　II—II

承重墙　沉降缝　　　　沉降缝　轻质隔墙　钢筋混凝土梁　条形基础　挑梁

(a)双墙式　　　　　(b)悬挑式

图 3-142　基础沉降缝构造

三、防震缝

（一）防震缝的设置

在地震区，当建筑物立面高差在 6m 以上，或建筑物平面形体复杂，或建筑物有错层且楼板高差较大，或建筑物各部分的结构刚度、重量相差悬殊时，应设置防震缝。

防震缝应同伸缩缝、沉降缝协调布置，相邻的上部结构完全断开，并留有足够缝隙，一般砌体结构的房屋防震缝宽取 50～100mm。

基础一般可不设防震缝，但在平面复杂的建筑中，当与震动有关的建筑物各相连部分的刚度差别很大时，也须将基础分开。

（二）防震缝的构造

防震缝在墙身、楼地层及屋顶各部分的构造基本上和伸缩缝、沉降缝相同，唯因缝口较宽，盖缝防护措施尤应处理好（图 3-143）。

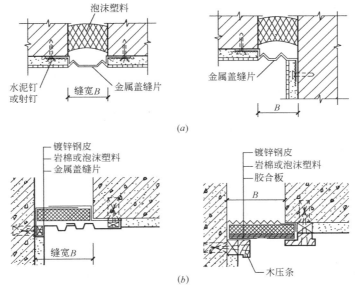

图 3-143　墙身防震缝构造

（a）外墙防震缝；（b）内墙防震缝

第四章　工业建筑设计

第一节　概　述

一、工业建筑的特点

工业建筑是指用以从事工业生产的各种房屋，一般称厂房。它与民用建筑一样，要体现适用、安全、经济、美观的方针；在设计原则、建筑用料和建筑技术等方面，两者也有许多共同之处。但在设计配合、使用要求、室内采光、屋面排水等方面，工业建筑又具有如下特点：

1. 厂房要满足生产工艺的要求。根据生产工艺的特点，厂房的平面面积及柱网的尺寸较大，可设计成多跨连片的厂房。

2. 厂房内一般都有较笨重的机器设备和起重运输设备（吊车），要求有较大的敞通空间。厂房结构要能承受较大的静、动荷载以及振动或撞击力。

3. 厂房在生产过程中会散发大量的余热、烟尘、有害气体，并且噪声较大，故要求有良好的通风和采光。

4. 厂房屋面面积较大，并常为多跨连片屋面，因此，常在屋盖部分开设天窗，并使屋面防水、排水等构造处理较复杂。

5. 厂房生产过程中常有大量的原料、加工零件、半成品、成品等需搬进运出，因此，在设计时应考虑所采用的汽车、火车等运输工具的运行问题等。

二、工业建筑的分类

（一）按厂房用途分

1. 主要生产厂房　生产全厂主要成品和半成品的车间，如机械制造厂的铸工车间、锻工车间、金属加工车间、装配车间等。

2. 辅助生产厂房　配合或直接为主要生产车间服务的车间，如机械制造厂的木模车间、机修车间等。

3. 动力用厂房　为供应全厂或一部分车间动力使用的建筑物，如热电站、锅炉房、变电所、氧气站、压缩空气站等。

4. 仓贮建筑　为存放原料、半成品、成品用的建筑物和运输车辆库房。

5. 技术设备用的建筑物和构筑物　如水泵房、水塔、烟囱、贮罐、冷却塔、栈桥等。

6. 全厂性建筑　厂区办公室、食堂、中央试验室等。

（二）按厂房内部状况分

1. 热加工车间　这类车间在生产中往往散发大量热量、烟尘，如炼钢、轧钢、铸工车间等。

2. 冷加工车间　这类车间的生产是在正常温湿度条件下进行的，如机械加工车间、装配车间等。

3.有侵蚀性介质作用的车间　这类车间在生产中会受到酸、碱、盐等侵蚀性介质的作用，因此在建筑材料选择及构造处理上应有可靠的防腐蚀措施。如化工厂和化肥厂中的某些生产车间、冶金工厂中的酸洗车间等。

4.恒温恒湿车间　这类车间的生产是在温湿度波动很小的范围内进行的。如纺织车间、精密仪表车间等。

5.洁净车间　在生产过程中，产品对室内空气的洁净度要求很高，除通过净化处理，厂房围护结构应保证严密，以免大气灰尘的侵入。如集成电路车间、精密仪表的微型零件加工车间等。

（三）按厂房层数分

1.单层厂房（图4-1）　广泛地应用于各种工业企业，它对于具有大型生产设备、震动设备、地沟、地坑或重型起重运输设备的生产有较大的适应性。

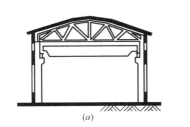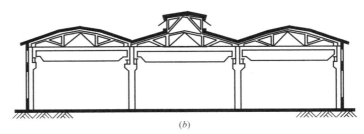

图 4-1　单层厂房

（a）单跨厂房；（b）多跨厂房

单层厂房按跨数有单跨与多跨之分。多跨大面积厂房在实践中采用的较多，单跨用得较少。但有的厂房，如飞机装配车间和飞机库常采用跨度很大（36～100m）的单跨厂房。

2.多层厂房（图4-2）　适用于垂直方向组织生产和工艺流程的生产企业（如面粉厂），以及设备与产品较轻的企业。因它占地面积少，更适用于在用地紧张的城市建厂及老厂改建。

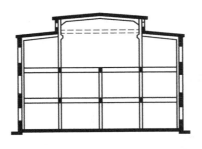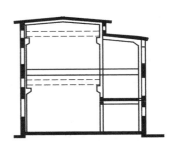

图 4-2　多层厂房

3.层次混合的厂房（图4-3）　即在同一厂房内既有单层跨，又有多层跨。

（四）按承重构件的材料分

1.混合结构　它由砖墙（或柱）和钢筋混凝土屋架或屋面大梁组成，也有砖柱和木

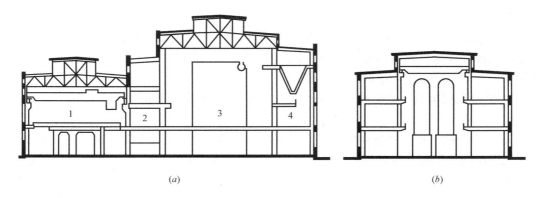

图 4-3　层次混合厂房

(a) 火力发电厂主厂房；(b) 化工车间

1—汽机房；2—除氧间；3—锅炉房；4—煤斗间

屋架或轻钢及组合屋架组成的。

混合结构构造简单，但承载能力及抗振性能较差，故仅用于吊车起重量不超过50kN、跨度不大于15m的小型厂房。

2. 钢筋混凝土结构　这种结构坚固耐久，可预制装配（或现浇），与钢结构相比可节约钢材，造价较低，故在国内外的单层厂房中，得到了广泛的应用。但其自重大，抗振性能不如钢结构。

3. 钢结构　它的主要承重构件全部用钢材做成。这种结构抗振性能好、构件较轻（与钢筋混凝土比）、施工速度快，除用于吊车荷载重、高温或振动大的车间以外，对于要求建设速度快、早投产早受益的工业厂房，也可采用钢结构。但钢结构易锈蚀、耐火性较差，使用时应采取相应的防护措施。

（五）按厂房的结构类型分

1. 空间结构体系　空间结构体系能使建筑材料更合理地发挥其空间工作的受力性能，节约建筑材料，减少结构自重，加大空间跨度，如各种类型的薄壳结构、悬索结构、网架结构等。因此，这类空间结构体系已普遍用于大柱距的工业厂房中。

2. 平面结构体系　平面结构体系是由横向骨架与纵向联系构件所组成。横向骨架有两种主要结构型式，即排架结构和刚架结构。纵向联系构件是指屋面板（或檩条）、吊车梁、连系梁（或圈梁）、支撑系统等构件，是厂房骨架的有机组成部分，它们相互联系在一起，以保证厂房结构的整体刚度和稳定性。目前在中小型厂房和仓库建筑中广泛应用。

三、厂房内部的起重运输设备

在生产过程中，为装卸、搬运各种原材料和产品等，工业厂房常有起重运输设备，吊车是其中常用的一种。它与厂房的平面布置和结构选型有密切关系，现将几种常见的吊车分述如下：

1. 悬挂式单轨吊车

这是一种简便的起重机械，由电动葫芦和工字钢轨道组成（图 4-4）。电动葫芦用来起吊重物。它挂在工字梁轨道上，可沿直线、曲线或分岔往返运行。工字梁轨道可悬挂在屋架或屋面梁的下弦上。运输灵活，

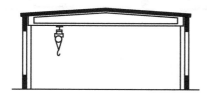

图 4-4　悬挂式单轨吊车

起重量有 5、10、20、30、50kN。这种吊车适用于轻便运输。

2. 梁式吊车

它是由梁架和电动葫芦组成，吊车梁架可悬挂在屋架下弦［图 4-5（a）］，也有把吊车梁架两端支承在吊车梁上［图 4-5（b）］。吊车梁架沿跨间纵向移动，而电动葫芦则在吊车梁架下横向移动。

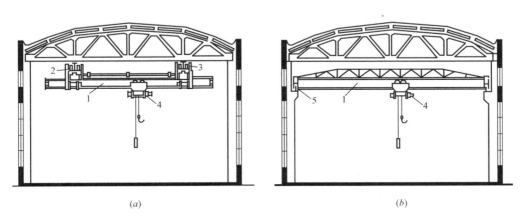

(a)　　　　　　　　　　　　　(b)

图 4-5　梁式吊车

（a）悬挂梁式吊车；（b）支承在吊车梁上的梁式吊车

1—钢梁；2—运行装置；3—轨道；4—提升装置；5—吊车梁

梁式吊车起重量有 10、20、30、50kN 四种，适用于车间固定跨间作装卸、搬运和起重之用。

3. 桥式吊车

它是由桥架和起重行车（或称小车）组成（图 4-6），起重行车在桥架上运行（沿厂房横向运行），桥架行驶在厂房的吊车梁上（沿厂房纵向运行），起重量由 50～3500kN 不等，它适用于跨度为 12～30m 的厂房。根据工作班时间内的工作时间，桥式吊车的

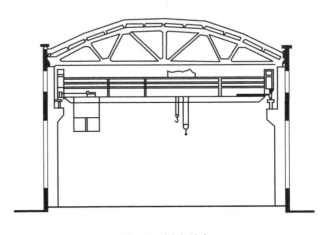

图 4-6　桥式吊车

工作制分为重级工作制（工作时间大于 40％）、中级工作制（工作时间为 25％～40％）、轻级工作制（工作时间为 15％～25％）三种情况。

四、厂房建筑设计要求

1. 应满足生产工艺的要求。

2. 应满足卫生的要求。

3. 应满足统一化与工业化要求。

4. 应满足生产发展与灵活性要求。

5. 应具有良好的外部造型及内部空间。

第二节　单层厂房设计

厂房的平面、剖面和立面设计是不可分割的整体，设计时必须统一考虑，在设计平面的同时要求考虑剖面、立面的设计，但为叙述方便和设计的先后顺序，现分述如下：

一、平面设计

（一）平面设计与生产工艺的关系

厂房建筑的平面设计和民用建筑的平面设计是有区别的。民用建筑的平面设计主要是

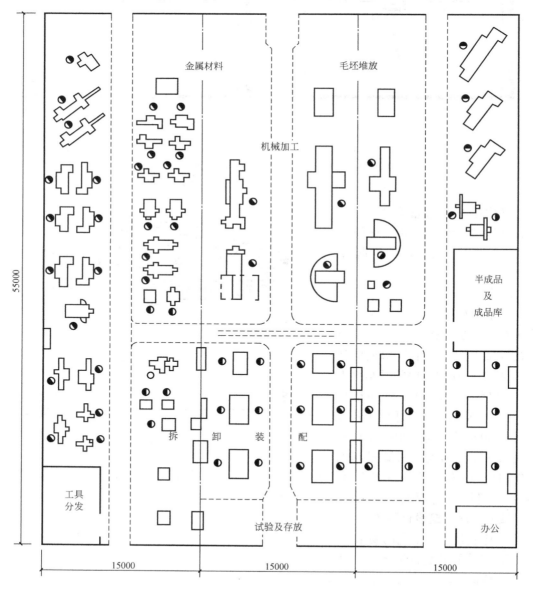

图 4-7　生产工艺平面图

由建筑设计人员完成，而厂房建筑的平面设计是先由工艺设计人员进行生产工艺平面设计，建筑设计人员在生产工艺平面图的基础上与工艺设计人员配合协商进行厂房的建筑平面设计。图4-7为某金工装配车间的生产工艺平面图，其中包括有工段的划分、生产设备和起重运输设备的选择和布置、厂房面积大小及生产工艺对厂房建筑设计的要求等。

生产车间是由若干生产工段（亦称生产工部）、辅助工段，以及生活间、办公室等辅助部分所组成。其中生产工段是车间的主要生产部分，在厂房平面布置中除应和总平面的生产过程相适应外，基本应反映出工艺流程的顺序。

进行厂房平面设计时，应将有产生余热、有害气体以及有爆炸和火灾危险的工段布置在靠外墙处，以便利用外墙的窗洞进行通风和爆炸时泄压。

（二）平面设计与总图及环境的关系

工厂总平面图布置是以单体厂房的轮廓草图为基础，根据全厂的生产工艺流程、人货流组织、卫生、防火、工程地质等因素确定厂房位置。因此，当厂房在总图位置确定后，其平面设计又不能不受总图布置的影响和约束。一般说来，工厂总平面图在人货流组织、地形和风向等方面对厂房平面形式有着直接影响。

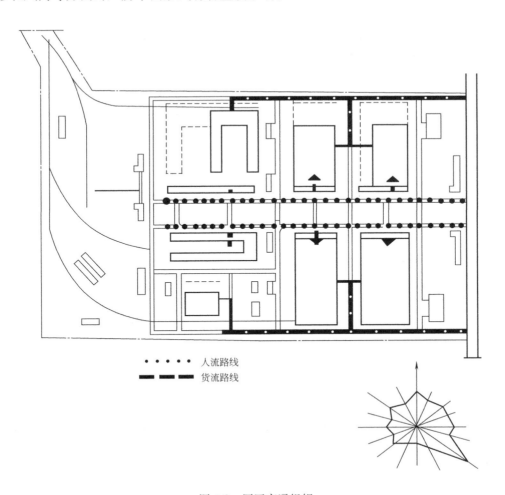

· · · · · · 人流路线
━ ━ ━ 货流路线

图4-8　厂区交通组织

1. 与人货流组织的关系

一个厂房不是孤立的，而是工厂总平面图中有机组成部分。为满足原材料、成品和半成品的运输及人流进出厂路线的组织，厂房人流主要出入口及生活间的位置应面向厂区主要干道；货流出入口除面向厂区道路外并和相邻厂房的出入口位置相对应，同时为避免交通阻塞和交叉迂回，人流、货流必须分开布置（图 4-8）。

2. 与地形的关系

厂区地形对厂房平面形式有着直接的影响，特别是在山区建厂。为减少土石方工程和投资，加快施工进度，厂房平面形式，在工艺条件许可的情况下就要适应地形，而不应过分强调简单、规整。图 4-9（a）为原工艺方案。图 4-9（b）为调整后平面形式，虽平面形式不规整，但仍能满足生产工艺的要求，并适应了地形，减少了投资，加快了施工进度，收到了良好的经济效益。

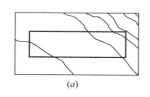 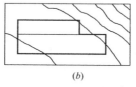

图 4-9　地形对平面形式的影响

3. 与气候的关系

在炎热地区，为使厂房有良好的自然通风，厂房宽度不宜过大，最好采用长条形，并使厂房长轴与夏季主导风向垂直或大于 45°。采用冂形平面时，为组织有效的穿堂风应使开口朝向迎风面（图 4-10），并在侧墙上开设窗子和大门。

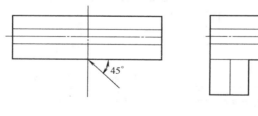

图 4-10　厂房方位与风向

寒冷地区，为避免风对室内气温的影响，厂房的长边应平行冬季主导风向，面向主导风向的墙上尽量减少门窗面积。

（三）平面形式的选择

厂房平面根据生产工艺流程、工段组合、运输组织及采光通风等要求，可以布置成各种形式，一般有矩形、方形、L 形、冂形和山形等（图 4-11）。

矩形平面为最基本的组合单元，它可组合为多跨、纵横跨等平面形式，适用于冷加工或小型热加工厂房 ［图 4-11（a）、（b）、（c）、（d）］。方形平面为在矩形平面的基础上加宽成为近似方形或方形的厂房，其特点是当厂房面积相同时比其他形式平面节约围护结构的周长约 25%，具有较好的保温、隔热性，同时其通用性强，抗震能力好，因此，应用较广泛。L 形、冂形和山形平面，其特点有良好的通风、采光、排气、散热和除尘能力，因此适用于那些中型以上的热加工厂房，如轧钢、铸工、锻造等。

（四）柱网的选择

柱子在平面上排列所形成的网格称为柱网。柱子纵向定位轴线间的距离称为跨度，横

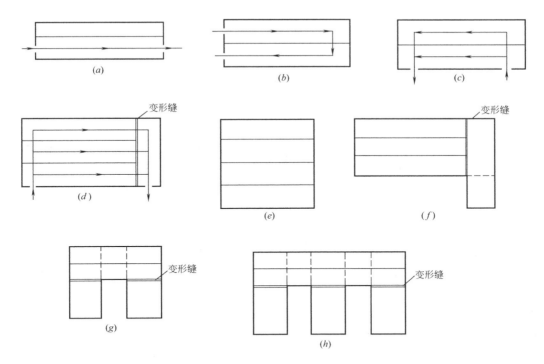

图 4-11　厂房平面形式

向定位轴线间的距离称为柱距（图 4-12）。柱网的选择实际上就是选择厂房的跨度和柱距。

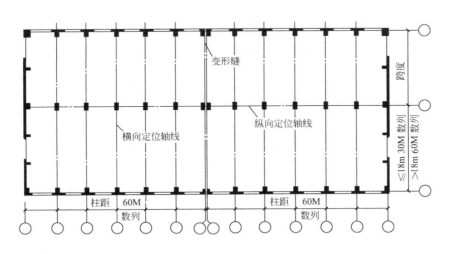

图 4-12　柱网示意

柱网选择的原则一般为：

（1）符合生产和使用要求；

（2）建筑平面和结构方案经济合理；

（3）在施工方法上具有先进性和合理性；

（4）符合《厂房建筑模数协调标准》的有关规定；

（5）适应生产发展和技术革新的要求。

1. 厂房跨度尺寸的确定

厂房跨度的大小经常是根据设备的尺寸及其布置的情况、物品运输及生产操作所需的空间来决定的。在一些机械加工车间中，由于生产设备布置比较灵活，故它们的跨度大小常常是根据技术经济比较来决定的。在厂房总宽度和柱距不变时，在许多情况下适当加大跨度是经济的。

为减少厂房构件的尺寸类型，提高厂房建设的工业化水平，必须对柱网尺寸作相应的规定。根据《厂房建筑模数协调标准》规定，跨度小于、等于18m时，应采用扩大模数30M数列，即9m、12m、15m。大于18m时，采用扩大模数60M数列，即18m、24m、30m和36m。

2. 柱距尺寸的确定

柱距尺寸大小常根据结构方案的技术经济合理性和现实可能条件来确定。目前，装配式钢筋混凝土厂房的柱距一般采用扩大模数60M数列，常采用6m。因6m柱距能适应钢筋混凝土大型屋面板的经济尺寸及当前的现实条件。当然也可以采用扩大柱距，如12m、18m。因它可增加车间生产面积、使工艺布置灵活，但增加了建筑造价。因此在有条件采用12m的大型屋面板时，采用12m柱距是合理的。目前在车间内，对有跨越跨度的大型生产设备或运输设备，或设备基础与柱基础发生冲突时可局部采用扩大柱距。

（五）生活间的设计

1. 生活间的组成

为满足工人在生产过程中的生产卫生和生活需要，各厂房（车间）除布置有各生产工段外，还需相应地设有生活福利用房，一般称为生活间。

生活间一般包括生产卫生用房和生活福利用房两大类。生产卫生用房包括存衣室、浴室、盥洗室、洗衣房等；生活福利用房包括休息室、厕所、哺乳室、进餐室等。

2. 生活间的布置

生活间的布置方式，根据地区气候条件，工厂的规模、性质、总体布置和车间的生产卫生特征以及使用方便，经济合理等因素来确定。

常用的布置方式有：毗连式、独立式及内部式等。

（1）毗连式生活间　是将生活间布置在厂房外面与车间山墙或纵墙相毗连的房间内（图4-13）。这种布置的优点是生活间与车间之间联系方便，节省外墙面积，还可利用部分生活间来布置车间的生产辅助用房，从而节省车间面积，并节约用地，在严寒地区还有利于室内保温。因此，在一般厂房中使用较多。

（2）独立式生活间　生活间单独建造，与厂房有一定距离，此种生活间多用于热加工或散发有害物质及振动大的车间等。在寒冷和多雨地区宜采用通廊、天桥或地道与车间相连（图4-14）。

（3）内部式生活间　内部式生活间是当车间内部生产卫生状况允许时，利用车间内部空闲位置设置的生活间。它使用方便，经济亦较合理（图4-15）。

二、厂房的剖面设计

单层厂房的剖面设计是在平面设计的基础上进行的。平面设计主要从平面形式、柱网

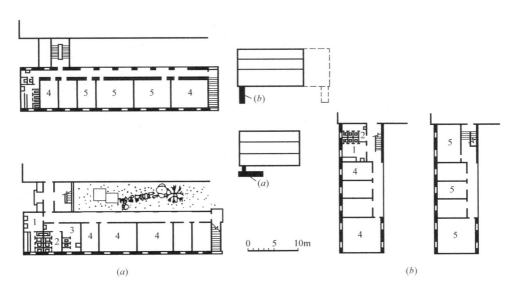

图 4-13 毗连式生活间

(a) 通过楼梯与车间联系；(b) 生活间端部与车间联系

1—男厕；2—女厕；3—妇女卫生室；4—存衣室；5—办公室

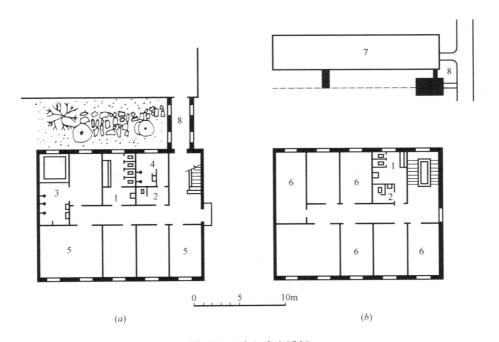

图 4-14 独立式生活间

(a) 底层平面；(b) 二层平面

1—男厕；2—女厕；3—男浴室；4—女浴室；5—存衣；6—办公；7—车间；8—通廊

选择、平面组合等方面解决生产工艺对厂房的要求，剖面设计则从厂房的建筑空间处理上满足生产工艺对厂房提出的各种要求。

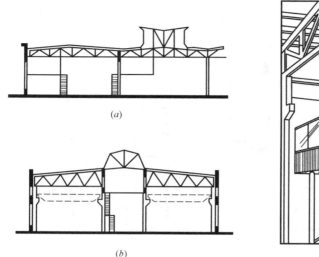

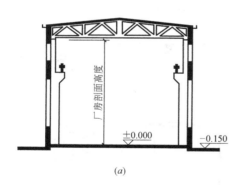

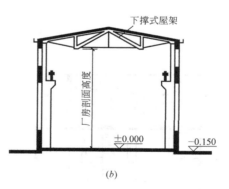

图 4-15　内部式生活间

（a）悬挂在屋架下的生活间；（b）车间中跨夹层上的生活间；（c）图 a 的局部透视

（一）厂房高度的确定

厂房的高度是指厂房室内地面至柱顶或下撑式屋架下弦底面的高度（图 4-16）。

图 4-16　厂房剖面高度示意

厂房高度的确定，应满足生产和运输设备的布置、安装操作和检修所需的净高，同时，还应考虑采光、通风、排水等问题。此外，还应符合《厂房建筑模数协调标准》的要求。

在无吊车设备的厂房中，厂房的高度主要取决于厂房内部最大生产设备的高度和安装、检修时所需的净空高度，一般不宜低于 4m，并应符合 3M 模数数列。

在有吊车设备的厂房中，厂房的高度主要应考虑吊车的类型、布置情况等因素。对于一般常用的桥式和梁式吊车来说，厂房的高度（地面至柱顶或下撑式屋架下弦的高度）包括轨顶高度（地面至轨顶的高度 H_1）、轨顶到小车顶面的距离 h_6 和小车顶面到屋架下弦的距离 h_7 三部分之和（图 4-17）。轨顶高度是由工艺人员根据吊车运行时所需高度确定，并应符合《厂房建筑模数协调标准》规定的 6M 的倍数。轨顶至小车顶面的距离和小车顶

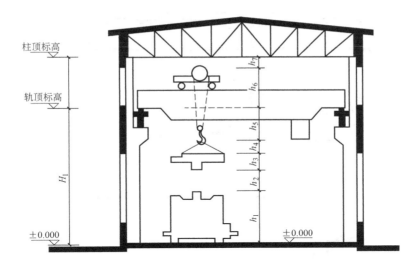

图 4-17 厂房高度的确定

H_1—轨顶标高；h_1—生产设备的最大高度；h_2—被吊物体安全超越高度，一般为
400～500mm；h_3—被吊物体的最大高度；h_4—吊索最小高度；h_5—吊钩至轨顶的
高度；h_6—轨顶至小车顶部高度；h_7—小车顶部至屋架下弦底部的安全高度

面至屋架下弦的距离，与吊车起重量和跨度有关，应由国家标准《通用桥式起重机界限尺寸》产品样本确定。

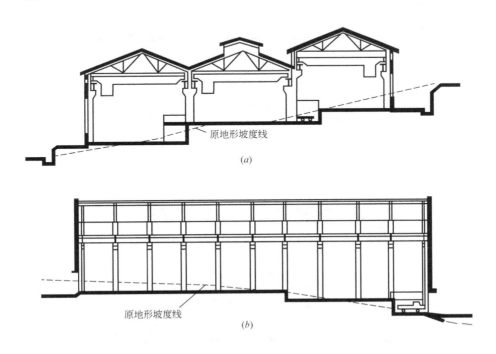

(a)

(b)

图 4-18　结合等高线布置的厂房地面标高

（a）平行等高线布置的地面标高；（b）垂直等高线布置的地面标高

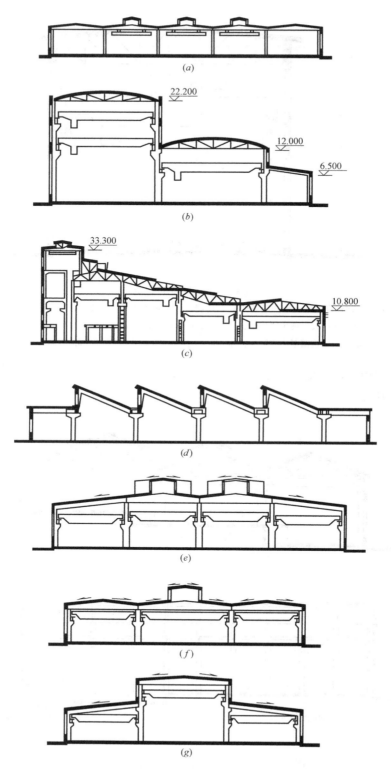

图 4-19 单层厂房的剖面形式

（二）室内地坪标高

厂房室内地面的绝对标高是在总平面设计时确定的。室内地坪的相对标高定为±0.000。一般单层厂房室内外需设置一定的高差，以防雨水侵入室内。同时，为了运输车出入方便，室内外相差不宜太大，一般取 150mm。

通常在地形平坦的情况下，为便于工艺布置和生产布置、生产运输，整个厂房地坪取一个标高。但在坡地或山区建厂，为减少土方量，加快施工速度，常将厂房地面布置在不同跨度的台阶上，或同一跨度地坪分段布置在不同标高的台阶上（图 4-18）。

（三）厂房的剖面形式

厂房的剖面形式与生产工艺、车间的采光通风要求、屋面排水方式及厂房剖面的结构形式有关。图 4-19 是常见的几种单层厂房的剖面形式。

（四）厂房采光方式的选择

根据采光口所在的位置不同，有侧面采光、上部采光、混合采光三种方式。

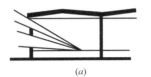 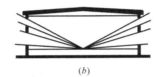 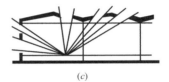

(a)　　　　　　　　　　(b)　　　　　　　　　　(c)

图 4-20　单层厂房天然采光方式

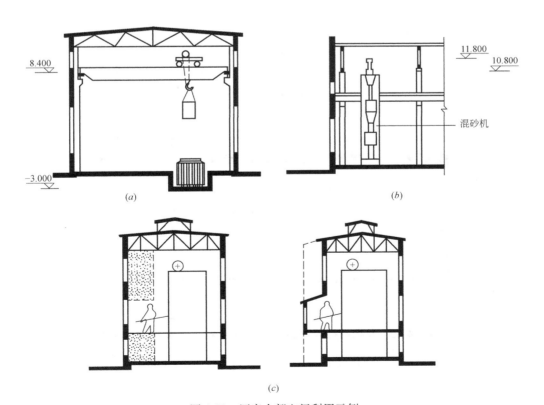

图 4-21　厂房内部空间利用示例

侧面采光是利用开设在侧墙上的窗子进行采光。分为单侧采光和双侧采光两种。当房间进深较小时，可利用单侧采光［图 4-20（a）］。当房间进深较大时，应采用双侧采光［图 4-20（b）］。

上部采光是利用开设在屋顶上的天窗进行采光。常见的采光天窗有矩形天窗、锯齿形天窗、平天窗、井式天窗等。

混合采光是指侧面采光不满足厂房的采光要求时，须在屋顶上开设天窗［图 4-20（c）］。

（五）厂房内部空间的利用

当车间仅有个别高大设备时，通过设计人员与工艺人员共同研究，在不影响生产工艺的前提下，可将某些大型设备或工件放在低于地面的地坑里［图 4-21（a）］；或在不影响吊车运行的条件下，将个别高大设备设置在两榀屋架之间的空间中［图 4-21（b）］，达到降低厂房高度、节约空间，节省造价的目的；或将有关几个柱间的屋盖提高［图 4-21（c）］。

第三节　单层厂房定位轴线的标定

厂房定位轴线是确定厂房主要承重构件标志尺寸及其相互位置的基准线，同时也是设备定位、安装及厂房施工放线的依据。定位轴线的划分是在柱网布置的基础上进行的，并与柱网布置是一致的。合理地进行定位轴线的划分，有利于减少厂房构件类型和规格，并使不同厂房结构形式所采用的构件能最大限度地互换和通用，有利于提高厂房建筑工业化水平，加快基本建设的速度。

定位轴线一般有横向与纵向之分。通常与厂房横向排架平面相平行（与厂房跨度纵向相垂直）的轴线称为横向定位轴线；与横向排架平面相垂直（与厂房跨度纵向相平行）的轴线称为纵向定位轴线。在厂房建筑平面图中，由左向右顺次用 1、2、3……进行编号。由下至上顺次用 A、B、C……进行编号，编号时不用 I、O、Z 三个字母，以免与阿拉伯

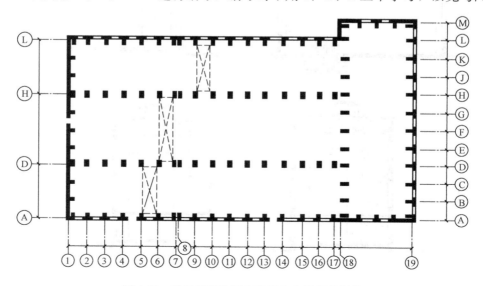

图 4-22　单层厂房柱网布置及定位轴线的划分

数字 1、0、2 相混。厂房横向定位轴线之间的距离是柱距。厂房纵向定位轴线之间的距离是跨度。这样标法，便于读图、有利于施工（图 4-22）。

（一）横向定位轴线

与横向定位轴线有关的主要承重构件是屋面板和吊车梁，横向定位轴线通过其标志尺寸端部，即与上述构件的标志尺寸相一致。此外，连系梁、基础梁、纵向支撑、外墙板等的标志尺寸及其位置也与横向定位轴线有关。

1. 中间柱与横向定位轴线的联系

除山墙端部排架柱以及横向伸缩缝处柱以外，横向定位轴线一般与柱的中心线相重合，且通过屋架中心线和屋面板横向接缝（图 4-23）。

2. 山墙与横向定位轴线的联系

山墙为非承重墙时，墙内缘与横向定位轴线相重合，端部排架柱柱中心线自定位轴线向内移 600mm，端部柱距较中间柱距减少 600mm（图 4-24）。这是由于山墙一般需设抗风柱，抗风柱需通至屋架上弦或屋面梁上翼缘处，为避免与端部屋架发生矛盾，因此，需在端部让出抗风柱上柱的位置。同时，也和横向变形缝处柱离开轴线 600mm 的处理相同。

山墙为砌体承重时，山墙内缘与横向定位轴线的距离，应按砌体的块材类别分别为半块或半块的倍数或墙厚的一半（图 4-25）。

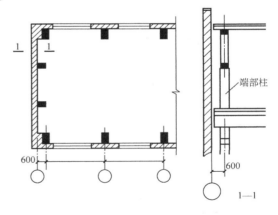

图 4-24　非承重山墙与横向定位轴线的联系

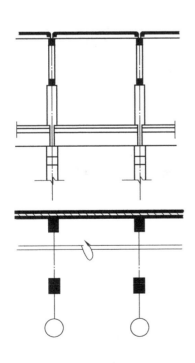

图 4-23　中间柱与横向
定位轴线的联系

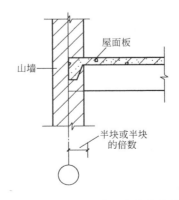

图 4-25　承重山墙与横向定位轴线的联系

3. 横向伸缩缝处柱与横向定位轴线的联系

横向伸缩缝、防震缝处应采用双柱双轴线的定位轴线划分方法。双轴线间加插入距，插入距 A 等于伸缩缝或防震缝的宽度 C。双柱中心线的位置应自定位轴线向两侧各移 600mm（图 4-26）。

这种横向双轴线定位的方法，将伸缩缝与防震缝处的定位轴线划分方法统一起来，一是为了使构件的规格与山墙处统一；二是为使此尺寸符合 3M；另外，双柱间有一定的距离，保证各柱有自己的基础杯口，以便安装。

（二）纵向定位轴线

它与厂房横向构件如屋架、吊车梁等长度尺寸相重合。纵向定位轴线的划分除考虑构造简单、结构合理外，在有吊车的厂房内还应保证吊车能安全运行和必需的净空。

1. 边柱、外墙与纵向定位轴线的关系

在无吊车或只有悬挂式吊车的厂房中，纵向定位轴线应通过边柱外缘和外墙内缘。在有吊车的厂房中，为了使吊车能安全运行，外墙、边柱与纵向定位轴线的联系方式就可出现下列两种情况：封闭结合与非封闭结合。

（1）封闭结合 当吊车起重量 $Q \leqslant 200kN$ 时，纵向定位轴线的位置是通过边柱外缘、外墙内缘，使屋顶与外墙之间形成封闭结合［图 4-27（a）］。这种联系方式构造简单、施工方便、亦较经济。

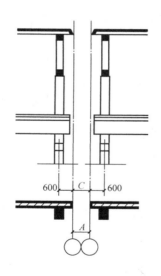

图 4-26 横向伸缩缝兼作防震缝时柱
与横向定位轴线的联系
A—插入距；C—防震缝宽度

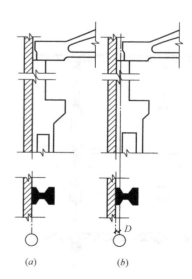

图 4-27 外墙、边柱与纵向
定位轴线的定位

（2）非封闭结合 当吊车起重量 $Q \geqslant 300kN$，车间跨度大于 18m 时，边柱、外墙与纵向定位轴线的联系形成非封闭结合。因为在这种情况下，吊车不能满足安全运行所需要的净空要求，必须将柱外缘自纵向定位轴线向外推移一段距离，这段距离称为联系尺寸 D ［图 4-27（b）］。这种联系方式屋面板只能铺至纵向定位轴线处，离外墙内缘尚有一段空隙，因此该段空隙在构造上须加以处理。

2. 中柱与纵向定位轴线的关系

中柱的纵向定位轴线的位置，一般要考虑相邻两跨是等高还是不等高以及吊车起重量大小等情况而定。

(1) 等高跨中柱　等高跨的中柱，宜设置单柱和一条纵向定位轴线，其上柱中心线一般与纵向定位轴线相重合（图 4-28），即等高跨两侧屋架的标志跨度以上柱中心线为准。当相邻跨内需设插入距时，中柱可采用单柱及两条纵向定位轴线。插入距应符合 3m，柱中心线宜与插入距中心线相重合。

(2) 高低跨处中柱　当厂房相邻两跨为不等高时，常以高跨柱来考虑，并根据吊车起重量大小等情况来划分。

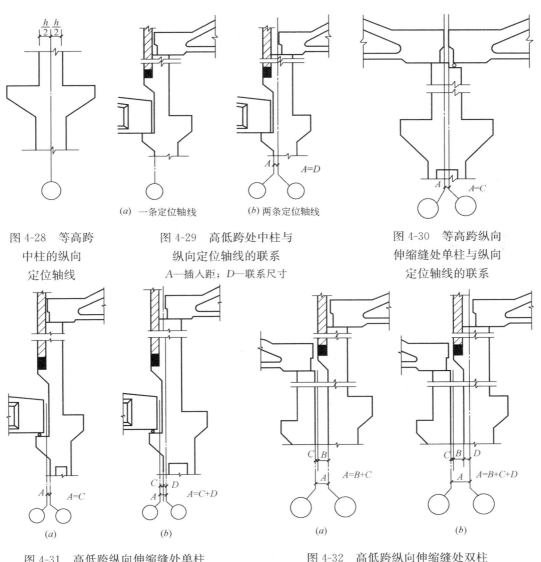

图 4-28　等高跨
中柱的纵向
定位轴线

(a) 一条定位轴线　　(b) 两条定位轴线

图 4-29　高低跨处中柱与
纵向定位轴线的联系

A—插入距；D—联系尺寸

图 4-30　等高跨纵向
伸缩缝处单柱与纵向
定位轴的联系

图 4-31　高低跨纵向伸缩缝处单柱
与纵向定位轴线的联系

(a) 未设联系尺寸 D；(b) 设联系尺寸 D

图 4-32　高低跨纵向伸缩缝处双柱
与纵向定位轴线的联系

(a) 未设联系尺寸；(b) 设联系尺寸

高低跨处中柱在我国目前常采用的是单柱做法。当吊车起重量$Q \leqslant 200kN$时，高跨上柱外缘和封墙内缘应与纵向定位轴线相重合［图4-29（a）］，当高跨吊车起重量$Q \geqslant 300kN$时，就须加设联系尺寸D，这样就出现两根纵向定位轴线，一根属于高跨，一根属于低跨。两根轴线之间的距离称为插入距A。在上述情况下，插入距A即等于联系尺寸D［图4-29（b）］。

（3）纵向伸缩缝处柱　当厂房宽度较大时，沿厂房宽度方向须设置纵向伸缩缝，以解决横向变形问题。

对于等高厂房，纵向伸缩缝一般采用单柱处理。伸缩缝一侧的屋架支承在柱头上，另一侧的则搁置在活动支座上，采用两根纵向定位轴线，其插入距A等于伸缩缝的宽度C，上柱中心线与插入距中心线相重合（图4-30）。

不等高的厂房纵向伸缩缝，一般设在高低跨处，可采用单柱处理（图4-31）。低跨屋架搁置在活动支座上，同时高低跨处柱采用两根纵向定位轴线，其插入距A在吊车起重量$Q \leqslant 200kN$时等于伸缩缝的宽度C（一般为30～50mm）；当$Q \geqslant 300kN$时，则插入距$A = C + D$。

当不等高跨高差悬殊或吊车起重量差异较大或需设防震缝时，常在不等高跨处采用双柱处理，并采用两条纵向定位轴线（图4-32）。

（三）纵横跨相交处定位轴线

在有纵横跨相交的厂房中，常在交接处设有变形缝，因此，纵跨与横跨的结构实际上是各自为独立体系。该处定位轴线的划分如同两个厂房，各柱按前述诸原则与各自的定位轴线相联系，即纵跨的端柱与横向定位轴线相联系，横跨的边柱按规定划分，然后将纵横两部分组合在一起。两部分的定位轴线之间的距离即为插入距A，插入距的大小与纵向伸缩缝双柱的处理相同（图4-33）。

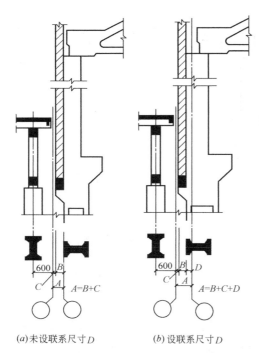

(a)未设联系尺寸D　　　(b)设联系尺寸D

图4-33　纵横跨处柱与定位轴线的联系

第四节　多层厂房简介

一、多层厂房的特点

和单层厂房相比，多层厂房具有以下特点：

1. 占地面积小，节约用地，缩短室外各种管网的长度，降低了建设投资和维修费用。

2. 厂房宽度较小，可不设天窗，而利用侧窗采光。

3. 屋面面积小，防水、排水构造处理简单，利于室内保温、隔热。

4. 增加了垂直交通运输设施，且人、货流组织较复杂。

5. 若楼层上有振动荷载，使结构计算和构造处理复杂。

二、多层厂房的平面形式

多层厂房的平面形式，首先应满足生产工艺的要求，并综合考虑与生产相关的各项技术要求，以及运输设备、交通枢纽和生活辅助用房的关系。

根据工程的具体情况，常见的多层厂房平面布置的形式有：

1. 内廊式（图 4-34）

这种布置形式适宜于面积不大，相互生产上又需紧密联系，但又不希望干扰的工段。这时就可将各工段按工艺流程的要求布置在各个房间内，并用内廊（内走道）联系起来。

2. 统间式（图 4-35）

由于生产工段面积较大，各工序又紧密联系，不宜分隔小间布置，这时常采用统间式的平面布置。这种布置对自动化流水线的操作更是有利，在生产过程中如有少数特殊的工段需要单独布置时，亦可将它们加以集中，分别布置在某一区段或车间的一端或一隅。

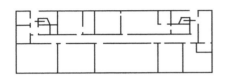 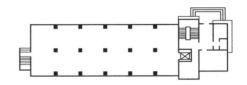

图 4-34　内廊式平面布置　　　　　　　图 4-35　统间式平面布置

3. 大宽度式（图 4-36）

有时为了满足某些工段的高精度、超净化等的特殊要求，使厂房平面布置更为经济合理，可采用加大厂房宽度，形成较大宽度的平面布置。这时把交通运输枢纽及生活辅助用房布置在厂房中部采光条件较差的地区，以保证生产工段所需的采光与通风要求。

4. 混合式

根据不同生产要求，采用上述多种平面形式的混合布置，称为混合式的平面布置。它的优点是能满足不同生产工艺流程的要求，灵活性较大。缺点是平面及剖面形式复杂，结构类型不易统一，施工较麻烦，对抗震亦不利，图 4-37 为内廊式和统间式的混合平面布置。

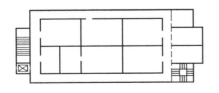 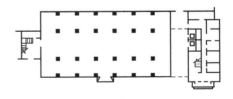

图 4-36　大宽度式平面布置　　　　　　图 4-37　混合式平面布置

三、多层厂房的柱网布置

柱网的选择首先应满足生产工艺的需要，其尺寸的确定应符合《建筑模数协调标准》（GB/T 50002—2013）和《厂房建筑模数协调标准》（GB 50006—2010）。同时还应考虑厂房的结构形式、采用的建筑材料和其在经济上的合理性以及施工上的可能性。在工程实践中结

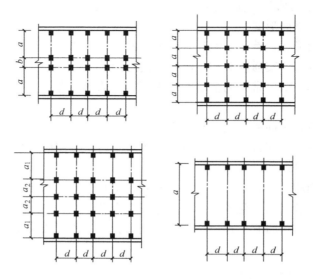

图 4-38　柱网布置类型

合上述平面布置的形式，多层厂房的柱网一般可概括为以下几种主要类型（图 4-38）：

1. 内廊式柱网

这种柱网适用于内廊式的平面布置。它所组成的平面一般都是对称的，在两跨中间布置走廊。具体尺寸很不统一，常见的柱距 d 为 6.0m，房间进深 a 有 6.0m，6.6m 及 6.9m 数种；而走廊宽 b 则为 2.4～3.0m 居多。

2. 等跨式柱网

它主要适用于需要大面积布置生产工艺的厂房，底层一般布置机加工、仓库或总装配车间等，有的还配有起重运输设备。这类柱网可以是两个以上连续等跨的形式。用轻质隔墙分隔后，亦可作内廊式的平面布置。目前采用的柱距 d 为 6.0m，跨度 a 有 6.0、6.9、7.5、9.0、10.5m 及 12.0m 等数种。

3. 对称不等跨柱网

这种柱网的特点及适用范围和等跨式柱网类似。现在常用的柱网尺寸有 (5.8+6.2+6.2+5.8)m×6.0m（仪表类），(1.4+6.0+6.0+1.4)m×6.0m（轻工类），(7.5+12.0+12.0+7.5)m×6.0m 及 (8.0+12.0+12.0+8.0)m×6.0m（机械类）等数种。

4. 大跨度式柱网

这种柱网由于取消了中间柱子，为生产工艺的变革提供更大的适应性。因为扩大了跨度，楼层常采用桁架结构，这样楼层结构的空间（桁架空间）可作为技术层，用以布置各种管道及生活辅助用房。

除上述主要柱网类型外，在实践中根据生产工艺及平面布置等各方面的要求，也可采用其他一些类型的柱网，如 (9.0+6.0)m×6.0m，(6.0～9.0+3.0+6.0～9.0+3.0+6.0～9.0)m×6.0m 等。

四、多层厂房的剖面设计

多层厂房的剖面设计应该结合平面设计和立面处理同时考虑。它主要是研究和确定厂房的剖面形式、层数和层高、工程技术管理的布置和内部设计等有关问题。

（一）多层厂房的剖面形式

由于厂房平面柱网的不同，多层厂房的剖面形式亦是多种多样的。不同的结构形式和生产工艺的平面布置都对剖面形式有着直接的影响。在目前我国多层厂房设计中，结合经常采用的柱网布置有图4-39所示的几种剖面形式。

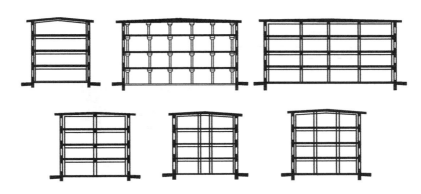

图4-39　多层厂房的剖面形式

（二）多层厂房层数的确定

多层厂房层数的确定与生产工艺、楼层使用荷载、垂直运输设施以及地质条件、基建投资等因素均有密切关系。为节约用地，在满足生产工艺要求的前提下，可增加厂房的层数，向竖向空间发展。但就大量性而言，目前建造的多层厂房还是以3～5层的居多。今后，由于城市用地紧张及规划要求，很有可能向高层发展。

五、多层厂房定位轴线的标定

同单层厂房一样，多层厂房的平面定位轴线有纵向和横向两种定位轴线。与厂房长度方向平行的轴线称为纵向定位轴线，与其垂直的轴线称为横向定位轴线，其编号规则和单层厂房相同。

多层厂房定位轴线的标志方法，随厂房结构形式而有所不同。下面介绍砌块墙承重和装配式钢筋混凝土框架承重的多层厂房定位轴线的标定方法。

（一）砌块墙承重

当厂房采用承重砌块墙时，其内墙的中心线一般与定位轴线相重合。外墙的定位轴线和墙内缘的距离应为半块块材或其倍数；或定位轴线与外墙中心线相重合（图4-40）。带有砌块承重壁柱的外墙，定位轴线也可与墙内缘相重合。

（二）钢筋混凝土框架承重

在框架承重时，定位轴线的定位不仅涉及框架柱，而且也与梁板等构件有关。这里着重谈定位轴线和墙柱的关系。

1. 墙、柱与横向定位轴线的定位

横向定位轴线一般与柱中心线相重合。在山墙处定位

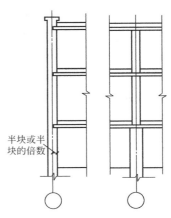

半块或半块的倍数

图4-40　承重外墙、内墙
与定位轴线的关系

141

轴线仍通过柱中心，这样可以减少构件规格品种，使山墙处横梁与其他部分一致，虽然屋面板与山墙间出现空隙，但构造上是易于处理的［图 4-41（a）］。

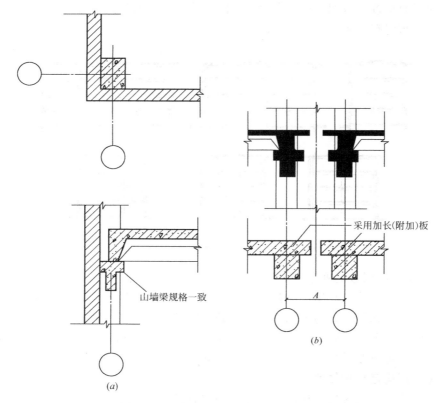

图 4-41　框架承重时横向定位轴线定位

横向伸缩缝或防震缝处应采用加设插入距的双柱并设两条横向定位轴线，柱的中心线与横向定位轴线相重合。插入距一般取 900mm。此处节点可采用加长板的方法处理［图 4-41（b）］。

2. 墙、柱与纵向定位轴线的定位

纵向定位轴线在中柱处应与柱中心线相重合。在边柱处，纵向定位轴线在边柱下柱截面高度（h_1）范围内浮动定位。浮动幅度 a_n 最好为 0 或 50mm 的整倍数，这与厂房柱截面的尺寸应是 50mm 的整倍数是一致的。a_n 值可以是零，也可以是 h_1，当 a_n 为零时，纵向定位轴线即定于边柱的外缘了（图 4-42）。

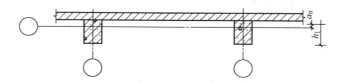

图 4-42　边柱与纵向定位轴线的定位

第五章　单层厂房构造

第一节　单层厂房的承重结构

一、单层工业厂房的组成

单层工业厂房按承重结构不同可分为墙承重结构和骨架承重结构两种类型。

（一）墙承重结构（图5-1）

墙承重结构由基础、墙（或带壁柱砌块墙）和钢筋混凝土屋架（或屋面梁）组成，这种结构构造简单、经济、施工方便。但由于砌块的强度较低，只适用于跨度不大于15m，无吊车或吊车起重量不超过50kN的中小型厂房。

（二）骨架承重结构（图5-2）

骨架承重结构是由横向骨架和纵向联系构件组成的承重结构。

横向骨架由屋架（或屋面大梁）、柱和基础组成。它承受天窗、屋顶、墙及吊车等部分的荷载以及构件自重。所有这些荷载，最终由柱子传给基础。

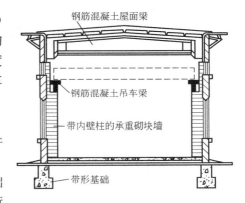

图5-1　墙承重结构

纵向联系构件由连系梁、吊车梁、屋面板（或檩）、柱间和屋架间支撑等组成，它们的作用是保证横向骨架的稳定性，并承受山墙、天窗端壁的风力以及吊车引起的纵向水平荷载，这些荷载也通过柱传给基础。

骨架承重结构按其所用材料不同可分为：钢筋混凝土结构、钢—钢筋混凝土结构和钢结构三种。

二、柱

柱是厂房结构中主要承重构件之一。目前一般工业厂房广泛地采用钢筋混凝土柱。

1. 柱的截面形式

基本上可分为单肢柱和双肢柱两大类。单肢柱的截面形状有矩形、工字形及圆管形等（图5-3）。

（1）矩形柱　矩形柱外形简单，制作方便，节省模板，但自重大，浪费材料，常用于无吊车及吊车荷载较小的厂房中。

（2）工字形柱　工字形柱截面受力比较合理，自重比矩形柱小，是目前应用较广的形式，适用于吊车起重量在300kN以下的厂房。

（3）双肢柱　是由两根主要承受轴向压力的肢杆用腹杆连接而成，材料较省，自重也

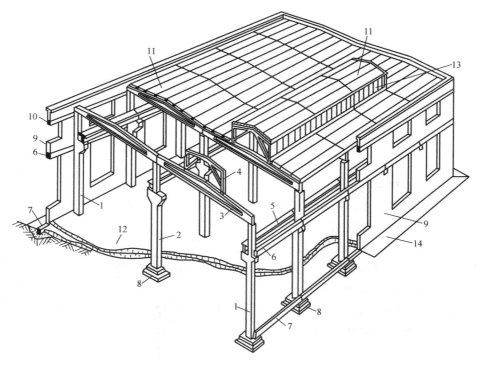

图 5-2 单层厂房装配式钢筋混凝土骨架及主要构件

1—边列柱；2—中列柱；3—屋面大梁；4—天窗架；5—吊车梁；6—连系梁；7—基础梁；

8—基础；9—外墙；10—圈梁；11—屋面板；12—地面；13—天窗扇；14—散水

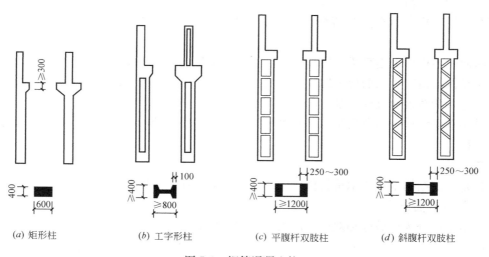

(a) 矩形柱　　　　(b) 工字形柱　　　(c) 平腹杆双肢柱　　　(d) 斜腹杆双肢柱

图 5-3 钢筋混凝土柱

轻，但节点多，构造复杂，有平腹杆和斜腹杆两种形式。当柱的高度和荷载较大时，宜采
用双肢柱。

2. 柱牛腿及柱上预埋件

在厂房中吊车梁、连系梁、屋架等构件的荷载是由柱来承受的，为了结构需要，这些

构件可搁置在牛腿上，柱牛腿常采用实腹式
的。实腹式的牛腿外形、截面尺寸及构造要求
见图 5-4。

钢筋混凝土柱除按计算需配置一定数量的
钢筋外，还要根据柱的位置以及柱与其他构件
连接的需要，在柱上预先埋设钢件，如柱与屋
架、柱与吊车梁、柱与连系梁或圈梁、柱与砌
块墙或大型墙板等处相互连接，均须在柱上埋
设钢件（图 5-5）。

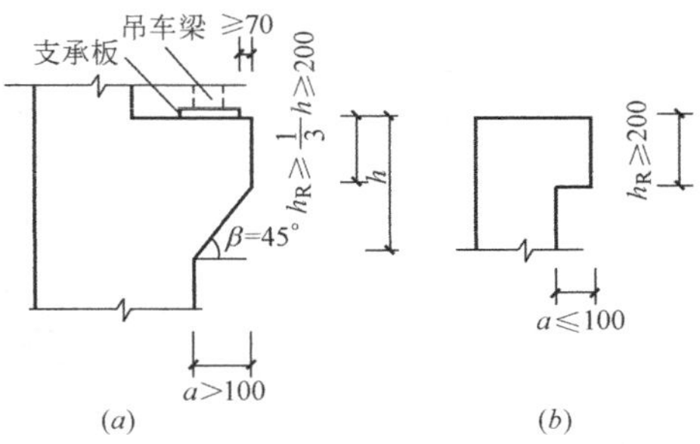

3. 柱间支撑

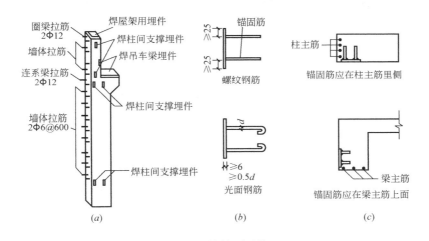

图 5-4　牛腿的构造要求

柱间支撑的作用主要是加强厂房的纵向刚度和稳定性。它分上部和下部两种，前者位
于上柱间，用以承受作用在山墙上的风力，并保证厂房上部的纵向刚度；后者位于下柱

图 5-5　柱的预埋件

（a）预埋件位置；（b）预埋件外形；（c）锚固筋的位置

间，承受上部支撑传来的力和吊车梁传来的吊车纵向制动力，并把它们传至基础。

柱间支撑设置的位置：在非地震区及 7 度地震区内应在厂房伸缩缝区段的中央或临近
中央的柱间设置上部和下部的柱间支撑；在 8 度地震区内，除中部设置外，还需在两端柱
距内设上部柱间支撑（图 5-6）。

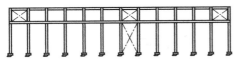

图 5-6　8 度地震区柱间支撑

三、基础与基础梁

（一）基础

基础支承着厂房上部结构的全部重量并传给
地基，起着承上传下的作用，因此，基础是工业
厂房的重要构件之一。

基础的种类较多，有杯形基础、现浇（柱下）独立基础、柱下条形基础、薄壳基础、
板肋基础、桩基础等（图 5-7）。

1. 现浇柱下独立基础

基础与柱均为现场捣制，其构造特点就是在基础顶面伸出预留筋，以便与柱子连接。

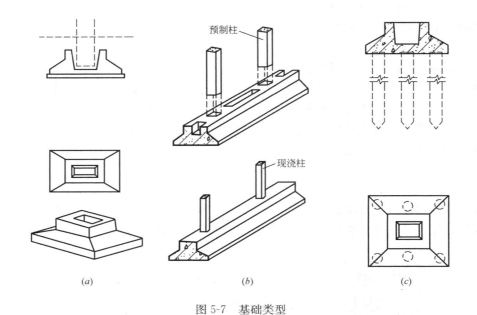

(a)	(b)	(c)

图 5-7　基础类型

插筋的数量和柱中纵向受力钢筋相同，其伸出长度应根据柱的受力情况、钢筋规格及接头方式的不同来确定。现浇柱下基础构造尺寸如图 5-8 所示。

2. 预制柱下杯形基础

预制柱下杯形基础的构造特点，是在基础顶部做成杯口，钢筋混凝土预制柱插入并嵌固在杯口中。为了便于柱的安装，杯口尺寸应大于柱子截面尺寸，杯壁与柱壁之间应留有空隙，上大下小，上为 75mm，下为 50mm。为了防止安装时杯口破裂，杯壁厚度不小于 200mm，杯口按结构规定确定适宜深度，以满足柱有足够插入深度的要求。柱与杯底还

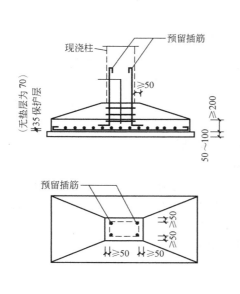

图 5-8　现浇柱下基础

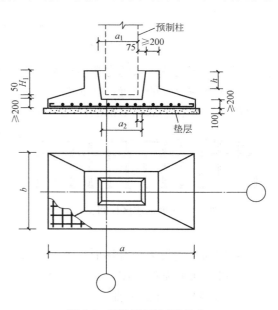

图 5-9　预制柱下杯形基础

146

应预留 50mm 的找平层，在柱就位前用比基础混凝土强度等级高一级的细石混凝土找平。柱吊装插入后，用 C20 细石混凝土灌缝，基础杯口下的底板厚度须考虑柱安装时的冲击作用，不得小于 200mm（图 5-9）。

（二）基础梁

当厂房采用钢筋混凝土柱承重时，常用基础梁来承托围护墙的重量，而不另作墙基础，这样可减少墙身和厂房排架间的不均匀沉陷。基础梁位于墙身底部，其两端支承在柱基础杯口上，当柱基础较深时，则通过混凝土垫块支承在杯口上，也可放置在高杯口基础上，或在柱上设牛腿来提高基础梁的标高，以减少墙的砌块用量（图 5-10）。

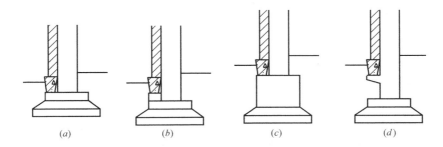

图 5-10　基础梁安放位置

（a）放在柱基顶面上；（b）放在混凝土垫块上；（c）放在高杯口基础上；（d）放在柱牛腿上

钢筋混凝土基础梁常采用上宽下窄的倒梯形截面（图 5-11），这样不但节约材料，还易于辨认，施工时不会放错钢筋。其高度常为 350mm 和 450mm 两种，底宽有 200mm 和 300mm 两种尺寸，其每根长度为 6m。

基础梁顶高比室内地面低 50～100mm，以免影响开门；同时也应比室外地面高 100～150mm，以利于墙身防潮并做散水。梁底回填土一般不夯实，使基础梁随柱基础一起沉降，也可防止冬季土壤冻结膨胀使基础梁隆起而开裂（图 5-12）。

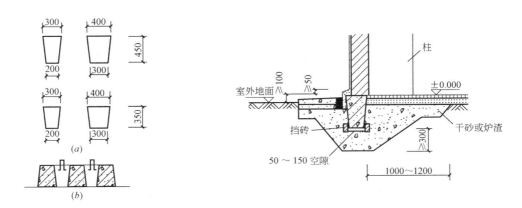

图 5-11　基础梁的截面形式　　　　　图 5-12　基础梁防冻胀措施

四、吊车梁、连系梁和圈梁

（一）吊车梁

在有桥式或梁式吊车的厂房中，需要在柱牛腿上设置吊车梁，吊车在吊车梁上铺设的轨道上行走。吊车梁承受吊车在起重、运行及制动时产生的垂直及水平荷载。吊车梁还有传递厂房纵向荷载、增加厂房纵向刚度和保证厂房稳定性的作用。

1. 吊车梁的类型（图 5-13）

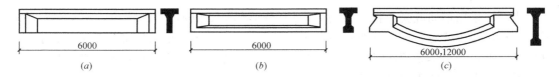

图 5-13　钢筋混凝土吊车梁

（a）钢筋混凝土 T 形吊车梁；（b）预应力混凝土工字形吊车梁；（c）预应力混凝土鱼腹式吊车梁

吊车梁类型很多，按截面形状分有等截面的 T 形和工字形吊车梁以及变截面的鱼腹式吊车梁；按材料分有普通钢筋混凝土、预应力混凝土和钢结构吊车梁等。

（1）T 形吊车梁　其上部翼缘较宽，可增加梁的受压面积，也便于固定安装吊车轨道。此种梁施工简单、制作方便，易于设预埋件，但自重较大。适用于柱距 6m，起重量为 30～750kN 的轻级工作制、10～300kN 的中级工作制和 50～200kN 重级工作制的吊车。

（2）工字形吊车梁　为预应力构件，吊车梁的腹壁薄，自重轻。适用于 6m 柱距，12～30m 跨度的厂房。

（3）工字鱼腹式吊车梁　其外形像鱼腹，梁截面为工字形、腹壁薄，这种形状符合受力原理，能充分发挥材料强度并减轻自重，但制作较复杂。适用于柱距 6～12m，跨度 12～30m，起重量不超过 1000kN 的厂房中。

2. 吊车梁的构造要求

（1）吊车梁与柱的连接（图 5-14）

多采用焊接的连接方法。在吊车梁端部上翼缘与柱之间用角钢和钢板连接，在端头底部焊上支承钢板，并与牛腿上的预埋钢板焊接。

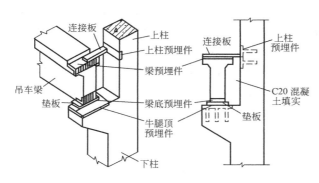

图 5-14　吊车梁与柱的连接

在吊车梁与柱之间空隙内均应用 C20 混凝土填实。

（2）吊车梁与吊车轨道连接（图 5-15）

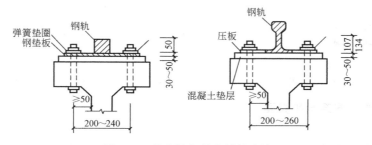

图 5-15　吊车轨与吊车梁的连接

一般采用垫板和螺栓连接的方法。

（3）车挡与吊车梁的连接（图 5-16）

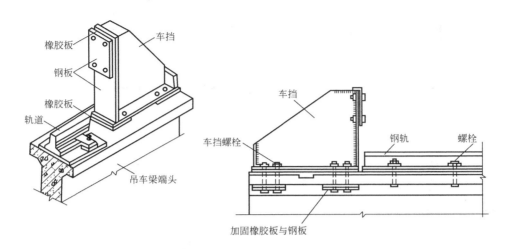

图 5-16　车挡与吊车梁的连接

为了防止吊车行驶过程中冲撞到山墙上，在吊车梁的尽端，应设有车挡装置。

（二）连系梁

连系梁是柱与柱之间在纵向的水平连系构件。它可增强厂房的纵向刚度，传递风载到纵向柱列，并可承担其上部墙体荷载。其截面形式有矩形和 L 形，分别用于不同厚度的墙体中。它支承在柱的牛腿上，一般采用螺栓连接或焊接固定（图 5-17）。

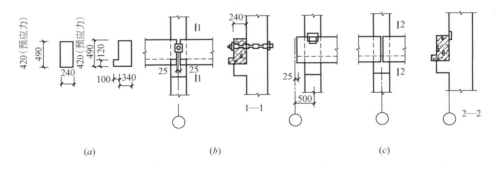

图 5-17　连系梁与柱的连接
（a）截面形式；（b）螺栓连接；（c）焊接

（三）圈梁

圈梁是指连续设置在墙体同一水平面上交圈封闭的梁。圈梁不承受砖墙重量，其作用是将墙体同厂房排架柱、抗风柱等箍在一起，以加强厂房的整体刚度和墙身的稳定性，圈梁埋置在墙内，同柱子连接仅起拉结作用。

圈梁的位置一般在柱顶处设置一道，有吊车的厂房应在吊车梁附近增设一道，在地震区当设防烈度为 8 度和 9 度时，按上密下疏的原则，每隔 5m 增设一道。圈梁构造同民用建筑。圈梁常采用现浇，将柱上预留筋与圈梁浇制在一起（图 5-18）。

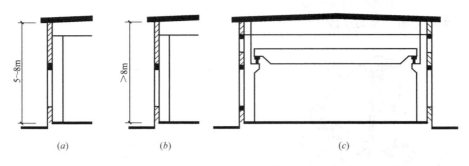

图 5-18　圈梁的位置

五、屋顶结构

屋顶结构的主要构件有屋架、屋面梁、屋面板、檩条等。根据其构件布置的不同，屋顶结构可分为无檩结构和有檩结构两种（图 5-19）。

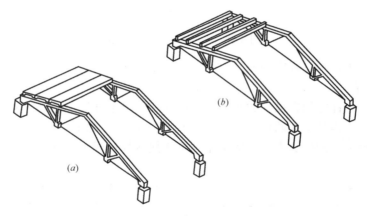

图 5-19　屋顶结构的类型
(a) 无檩；(b) 有檩

无檩结构的屋顶是将屋面板直接搁置在屋架或屋面梁上。这种结构屋面较重，刚度大，多用于大中型厂房。

有檩结构的屋顶，屋面一般采用瓦材（槽瓦、石棉瓦等），屋架上先设置檩条，再在檩条上搁置瓦材。这种结构的屋顶，屋面重量小，省材料，但屋面刚度差，一般只用于中小型的厂房中。

（一）屋面梁、屋架

屋面梁和屋架（图 5-20）是厂房屋盖结构的主要承重构件之一，它直接承受天窗、屋面荷载以及安装于其上的顶棚、悬挂式吊车和管道、工艺设备等的重量，屋架和柱、屋面构件连接起来，使厂房组成一个整体空间结构，对于保证厂房空间刚度起着很大的作用。

1. 钢筋混凝土屋面梁

屋面梁根据跨度大小与排水方式的不同，可做成单坡或双坡，梁上弦的坡度一般为 1/10～1/12，梁的截面形式多为工字形，梁的两端支座部分加厚，以加强腹板的刚度和加

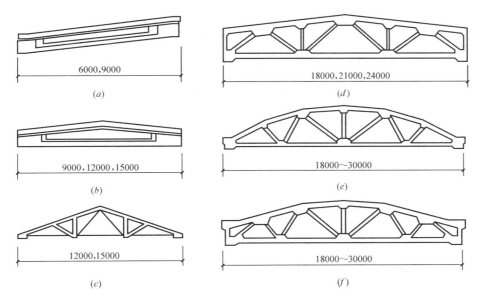

图 5-20　钢筋混凝土屋面梁与屋架

(a) 单坡屋面梁；(b) 双坡屋面梁；(c) 组合式屋架；

(d) 梯形屋架；(e) 拱形屋架；(f) 折线形屋架

强支座的稳定性。屋面梁高度小、重心低，稳定性好，安装、施工简便，但自重大，不宜用于较大跨度。

2. 钢筋混凝土的屋架

当厂房跨度较大时，采用桁架或屋架较为经济，按其外形可以分为三角形、梯形、拱形、折线形屋架等多种形式。

（1）三角形屋架　三角形屋架的上弦和受压腹杆为钢筋混凝土构件，下弦和受拉的腹杆则采用角钢。这种形式的屋架，自重小、材料省，但刚度差，故不宜用于大跨度的厂房。

（2）梯形屋架　梯形屋架端部高，必须设置屋架支撑以保证屋架稳定。屋面坡度为 $1/10 \sim 1/12$，适于采用卷材防水，而且对屋面施工、维修、清扫均方便，但屋架自重大，内力分布不均匀。

（3）拱形屋架　其上弦呈拱形，使杆的内力分布均匀，材料强度得以充分利用。但其端部坡度太大，施工和清扫屋面均不方便，也不安全。一般施工时常将屋架端部垫高。

（4）折线形屋架　它基本上保持了拱形屋架外形合理的特点，又改善了屋顶坡度。折线形屋架用料省，施工方便，是目前广泛采用的屋架形式。

（二）屋面板

单层工业厂房的屋面板类型很多，按构件尺寸分有大型屋面板和小型屋面板两种。大型屋面板用于无檩体系，均为预应力混凝土构件，小型屋面板有槽瓦、钢丝网水泥波形瓦和石棉水泥瓦等。

1. 预应力混凝土大型屋面板（图 5-21）

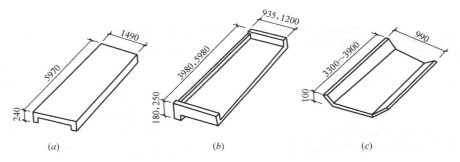

图 5-21　钢筋混凝土屋面板

(a) ⊓形（预应力）；(b) L形（预应力）；(c) 槽瓦

这是工业厂房中应用最广泛的一种屋面板，横截面呈槽形。常用的屋面板尺寸为1.5m×6m，也有1.5m×9m，3m×6m，3m×12m等规格的屋面板。这样的屋面板刚度较好，适用于大中型厂房或振动较大的厂房。

屋面板与屋架的连接，应使每块屋面板与屋架上弦的焊接点不少于三点，板与板之间的缝隙均用不低于C15细石混凝土填实，以保证屋顶整体刚度。

2. 预应力混凝土F形屋面板

这是一种自防水型屋顶覆盖结构，屋面板的三个周边设有挡水反口，其纵向板缝采用挑檐搭接方法，横向板缝另用盖瓦盖缝，屋脊处用脊瓦盖缝。

（三）檩条

钢筋混凝土檩条有预应力和非预应力两种，其常用的断面形式有"T"形和"L"形（图5-22）。

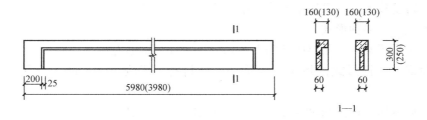

图 5-22　钢筋混凝土檩条

（四）支撑

为了使屋顶结构形成一个稳定的空间体系，保证房屋的安全，适用和满足施工要求，必须在屋盖体系中合理地布置必要的支撑，将屋架、天窗架、山墙等平面结构互相连接，成为稳定的空间体系。

屋顶支撑包括水平支撑（上弦、下弦、横向水平支撑、纵向水平支撑）、垂直支撑及水平系杆等。

第二节　单层厂房外墙

骨架承重结构的外墙与墙承重结构的外墙不同，它不承受荷载而只起围护作用。由于厂房外墙本身的高度与跨度都比较大，又要承受较大的风荷载而且还要受到某些设备的振动影响，因此要求外墙应具有足够的刚度和稳定性，为此在构造处理上必须采取相应的加强措施，如外墙与骨架结构之间应有妥善的连接；在适当的位置应设置圈梁或连系梁等。

厂房外墙可采用砌块或预制的大型墙板，在有些需散发大量余热的车间，还可以做不封闭外墙，而只设置开敞式的挡雨板。

一、砌体墙

（一）墙与柱的相对位置

砌体墙与柱的相对位置有两种方案，一种是墙体砌筑在柱外侧，它具有构造简单、施工方便、热工性能好，便于基础梁、连系梁等构配件的定型化和统一化等优点。为此，单层厂房外墙多用此种方案。另一种是墙体砌筑在柱子的中间。它可增加柱子的刚度，对抗震有利，在吊车吨位不大时，可省去柱间支撑；但砌筑时砍断的砌块多，施工不便；基础梁、连系梁等构件长度要受到柱子宽度的影响，增加构件类型；而且产生冷桥，热损失大。仅用于厂房连接有露天跨或有待扩建的边跨的临时封闭墙，或某些不需保温的车间（常用于我国南方）（图 5-23）。

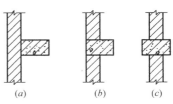

图 5-23　外墙与柱的相对位置

（二）墙的构造要求

1. 墙与柱和屋架的连接

为保证外墙的整体性和稳定性，墙与柱和屋架必须有牢固连接，常用的做法是沿柱子高度方向每隔 500～600mm 伸出两根 $\phi 6$ 的钢筋段砌筑在墙内，且圈梁与屋架和柱也要进行连接（图 5-24）。在不同位置的墙与柱的连接如图 5-25 所示。

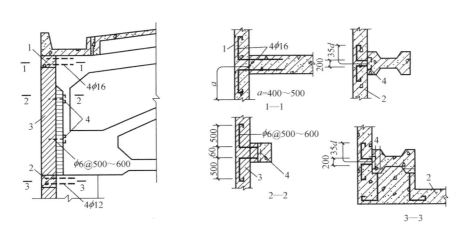

图 5-24　砌体墙与屋架、柱的连接示例
1—檐口圈梁；2—柱顶圈梁；3—砌体墙；4—预埋钢件

2. 山墙的抗风构造

因山墙面积较大，所受到的风荷载也较大，故在山墙处应设置抗风柱，当厂房高度和跨度均不大时，可在山墙设壁柱作抗风柱，抗风柱布置在山墙内侧。当厂房高度很大时，在山墙内侧还应设置水平的抗风梁，抗风梁可作为抗风柱的支撑，并兼作吊车的修理平台。其

153

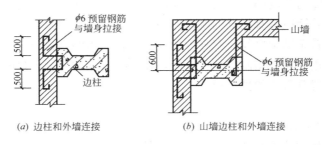

(a) 边柱和外墙连接　　　　　(b) 山墙边柱和外墙连接

图 5-25　外墙与柱的连接

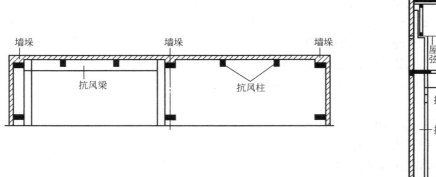

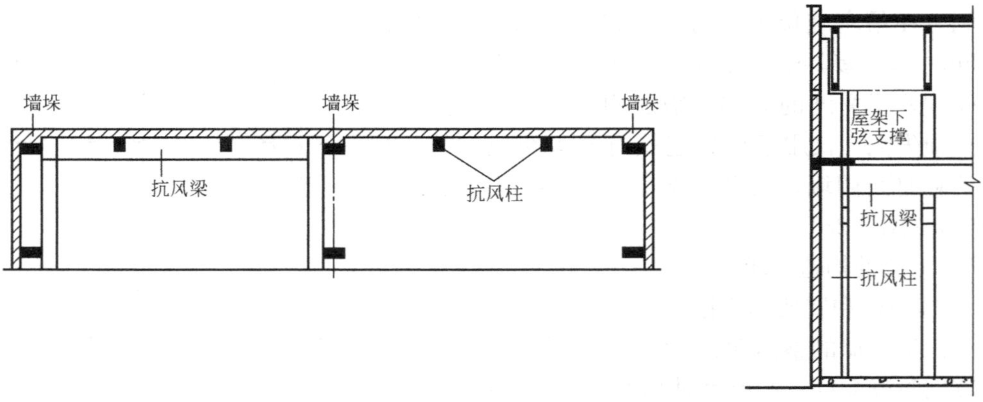

图 5-26　山墙抗风构造

两端与吊车梁的上翼缘连接，使所承受的风荷载通过吊车梁传到纵向骨架上去（图 5-26）。

抗风柱与屋架的连接一般采用弹簧板做成柔性连接，一方面保证有效地传递水平方向的风荷载，另一方面又允许屋架和抗风柱因下沉不均匀而在竖向有相对位移（图 5-27）。

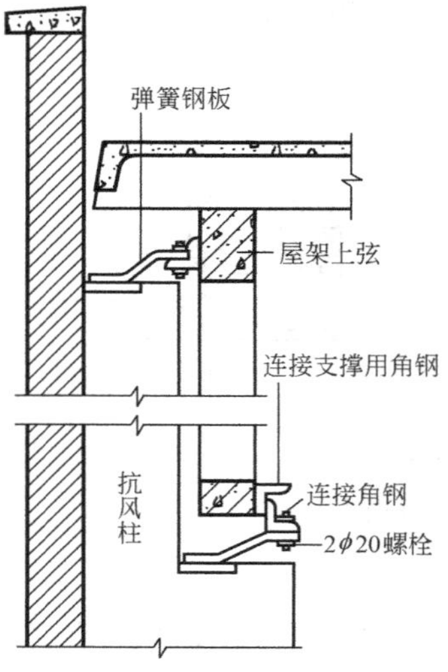

二、大型墙板

大型墙板改进了厂房的墙体，促进了建筑工业化，它还可充分利用工业废料、减轻自重、节省大量粘土，而且经实践证明具有良好的抗震性能，成为我国工业建筑广泛采用的外墙类型之一。

（一）墙板的类型及尺寸

按规格尺寸，墙板可分为基本板、异型板和辅助构件。基本板是指形状规整，量大面广的基本形状的墙板；异形板是指量小形状特殊的墙板，如檐口板、加长板、山尖板等；辅助构件是指与基本板、异形板共同组成厂房围护结构的其他构件，如窗台板、嵌梁等。

按所用材料分为单一材料墙板和复合材料墙板两种。墙板的宽度有 900、1200、1500mm 三种，墙板厚度

图 5-27　抗风柱与屋架的连接

应符合 1/5M（20mm）的模数。墙板的长度与柱距相同。

（二）墙板的布置

墙板的布置形式有横向布置、竖向布置和混合布置三种类型，一般常采用墙板横向布置（图 5-28）。

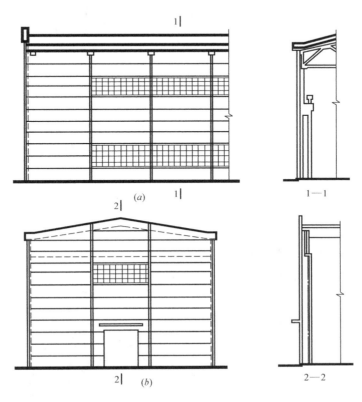

图 5-28　墙板的横向布置
（a）纵向侧墙；（b）山墙

墙板采用横向布置的形式，适合于柱距相同的厂房，墙板长度与屋面板一致，板型规格少；墙板的垂直缝后面有柱子挡住，可减少因接缝处理不妥而透风漏雨等不利影响；墙板本身可兼起门窗过梁或连系梁的作用，能增强厂房纵向刚度；墙板横向布置的构造简单，连接可靠，便于布置带形窗；其缺点是遇到穿墙孔洞时墙板布置较复杂。这种布置方式目前我国采用最多。

（三）墙板的连接构造

墙板与排架柱的连接一般有柔性连接和刚性连接两种。

1. 柔性连接

柔性连接适用于地基不均匀、沉降较大或有较大振动影响的厂房，它是通过预埋件和辅助件使墙板和柱互相拉结。柱只承受由墙板传来的水平荷载，墙板搁置在杯口基础上的混凝土垫块上。

墙板柔性连接的构造形式很多，常用的为螺栓连接、压条连接和钢筋连接等。

螺栓连接（图 5-29）可使墙板在一定范围内颤动，能较好地适应振动引起的变形。

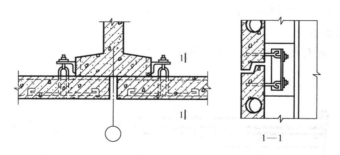

图 5-29 墙板与柱的螺栓连接

但厂房的纵向刚度较差，安装固定要求准确，比较费工，费钢材。

压条连接（图5-30）是在墙板外加压条。墙板中不需要另设预埋件，构造简单，密封性好，但施工较复杂。压条连接适用于对埋件有锈蚀作用或握裹力较差的墙板（如粉煤灰硅酸盐混凝土、加气混凝土等）。

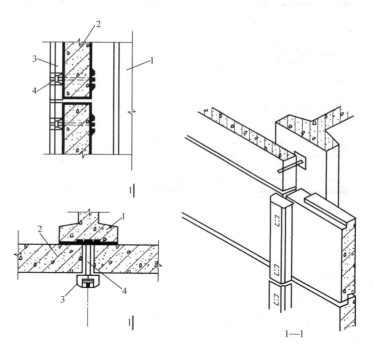

图 5-30　墙板与柱的压条连接
1—柱子；2—墙板；3—压条；4—连接件

钢筋连接（图5-31）适用于厂房中一般柱与墙板的连接，当板厚为160mm、200mm时用ϕ12钢筋，板厚为240mm、280mm时用ϕ14钢筋。上述构造必须对埋件、螺栓和钢筋等做防锈处理。

2. 刚性连接（图5-32）

刚性连接是在柱子和墙板中先分别设置预埋钢件，安装时用角钢将它们焊接连牢。刚性连接施工方便、构造简单、连接刚度较大，但对不均匀沉降及振动较敏感。适用于厂房中伸缩缝柱与端部柱处。

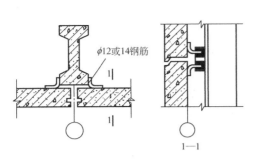

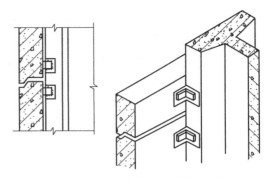

图 5-31　墙板与柱的钢筋连接　　　　　　　图 5-32　墙板与柱的刚性连接

（四）墙板板缝的构造处理

墙板板缝的处理应满足防水、防风、保温、便于制作、施工方便、经济美观、坚固耐久等要求。

板缝的处理宜优先选用"构造防水"（采用构造措施防止雨水渗漏），用砂浆勾缝；其次可选用"材料防水"（用防水材料堵塞板缝）。防水要求较高时，可采用"构造防水"和"材料防水"相结合形式。水平缝主要是防止沿墙面下淌的水渗入内侧，可以做成平缝或高低缝（图 5-33）。垂直缝主要是防止风从侧面吹入和墙面水流入，较常用的有直缝和单腔缝（图 5-34）。在我国南方，还广泛采用开敞式或半开敞式工

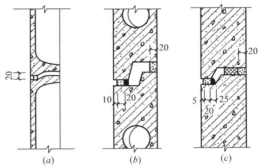

图 5-33　水平缝的构造处理

业厂房。这种厂房的特点是采用挡雨板或遮阳板来全部或部分代替厂房的围护墙，特别广泛应用于热加工车间。

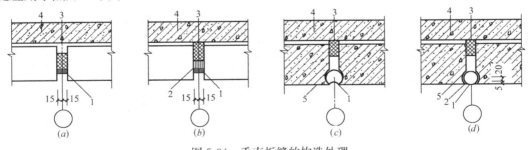

图 5-34　垂直板缝的构造处理
（a）、（b）直缝；（c）、（d）单腔缝
1—石棉水泥砂浆；2—油膏或聚氯乙烯胶泥；3—浸沥青木丝板挡条；4—厂房柱；5—油毡条

第三节　侧窗与大门

一、侧窗

在工业厂房中，侧窗的主要作用是通风和采光，有时还要根据生产工艺的特点，满足

其他特殊要求，例如要求恒温、恒湿的车间，侧窗应有足够的保温隔热性能；洁净车间，要求侧窗防尘和密闭等。

工业厂房比较高大，侧窗面积往往也比较大，容易破坏，因此对侧窗的要求应满足坚固耐久、开关灵活、用料经济、接缝严密。

工业厂房侧窗常见的开启方式有中悬窗、平开窗、固定窗和垂直旋转窗。根据各种窗的特点，厂房中的侧窗常将平开窗、中悬窗和固定窗组合在一起。

单层厂房的侧窗可用木材、钢材、钢筋混凝土等材料组成。目前常用的为钢侧窗，侧窗的洞口尺寸应为 3M（300mm）的扩大模数，其组成及构造要求，基本上与民用建筑相同。

（一）木侧窗

木侧窗自重轻、易于加工，但耗木材多，易变形，防火及耐久性均较差。常用于小型厂房、辅助车间及对金属有腐蚀性的车间（如电镀车间）。

（二）钢侧窗

钢侧窗在工业建筑中应用日益增多。钢侧窗坚固耐久、防火防水，关闭紧密，透光率大。当厂房需要设置大面积成片或带形的组合窗时，采用钢窗最为适宜。

1. 实腹钢窗

实腹钢窗又称普通钢窗。窗料高度有 25、32、40mm 三种规格，常用 32mm 型钢。为便于制作和运输，基本钢窗尺寸一般不大于 1800mm×2400mm。而工业建筑中每面窗往往较大，需要几个基本钢窗组合而成。宽度方向组合时，两个基本窗扇之间加竖梃，竖梃可起联系相邻窗、加强窗的刚度和调整窗的尺寸的作用；高度方向组合时，两个窗扇之间加横档，横档与竖梃均需与四周墙体连接。当窗洞高度大于 4.8m 时，应增设钢筋混凝土横梁或钢横梁（图 5-35）。

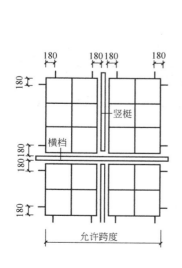

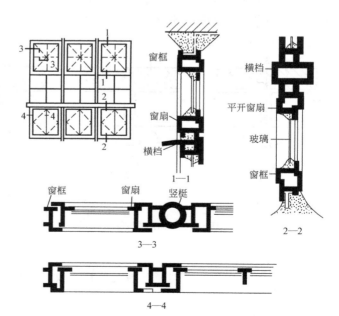

图 5-35　钢窗组合与截面构造

2. 空腹钢窗

空腹薄壁钢窗是用 1.2mm 厚的冷轧低碳带钢经高频焊接轧制成型的，其特点是重量轻而抗扭强度高。它与实腹窗料比较，节省钢材，抗扭强度高。但因壁薄，不宜用于有酸碱介质侵蚀的车间。加工费用高，而且密闭性较差。

二、大门

（一）大门的尺寸及种类

厂房大门主要是供生产、运输及人流通行、疏散之用。大门的宽度应比所需通过满载货物车辆的轮廓尺寸加宽 600～1000mm，高度应加高 400～600mm。根据规定，厂房大门的宽度和高度均以 3M 为模数。大门洞口参考尺寸如图 5-36 所示。

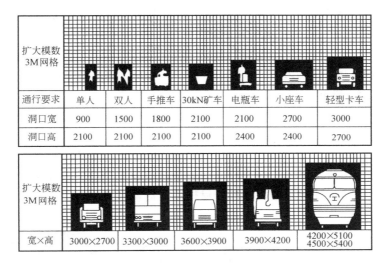

图 5-36　大门洞口参考尺寸（单位：mm）

厂房大门的种类较多，按材料分有木门、钢木门、钢门、薄壁钢板门等；按开启方式分有平开门、推拉门、折叠门、卷帘门、升降门、上翻门等；按用途分有车辆大门、保温门、防火门、隔声门、食品冷藏门等。

（二）大门的构造

厂房大门是由门扇、门樘、五金零件所组成。

常用的门扇是采用普通型钢做成骨架，用螺栓将门芯板固定在骨架上或焊以钢板，大门门樘有钢筋混凝土门樘和砌体砌门樘两种形式，当门高宽大于 8400mm 时，采用钢筋混凝土门樘，门樘靠墙一侧伸出预留筋，砌入墙体内拉结。在门樘口根据门扇铰链的位置预埋铁件。门洞顶部设置带有雨篷或不带雨篷的过梁。根据大门的类型，须配套各种所需的五金零件，除插销、门闩、拉手等五金零件外，平开门中门扇与门樘用铰链（或门轴）来连接，铰链的一部分焊接在门樘上，另一部分与门扇固定牢，以此转动。

第四节　屋面与天窗

一、屋面

单层厂房屋面的特点是屋面的面积大，而且厂房屋面还要受到吊车的冲击荷载和机械振动的影响，因此屋面必须有一定的强度和足够的整体刚度。屋面是围护结构，设计时应解决好屋面的排水、防水、保温、隔热等问题，其中以排水和防水最为重要。

（一）屋面排水

（1）屋面排水坡度　排水坡度的选择，主要取决于屋面的防水构造与防水材料等因素。如卷材防水屋面，坡度要求平缓，一般常用坡度为 $1/5 \sim 1/15$；非卷材防水屋面（构件自防水），则要求排水快，一般常用坡度为 $1/4$。

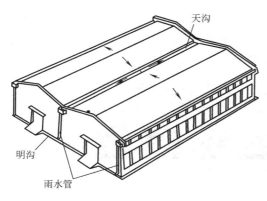

图 5-37　长天沟外排水示意图

（2）屋面排水方式　可分为无组织和有组织两种排水方式，根据排水管道的布置位置，有组织排水又可分为天沟外排水（图 5-37）、内排水和悬吊管外排水三种（图 5-38）。

天沟外排水是将屋面雨水排至檐沟，再经雨水管排走。它的优点是节省了室内雨水管及其地下雨水管道，检修容易且不影响生产。

内排水是将屋面雨水通过天沟、雨水口和室内立管，从地下管沟排出。在寒冷地区为了避免雨水管内雨水冻结阻碍排水，常采用内排水。内排水的构造比较复杂，消耗管材较多，造价和维修费高。

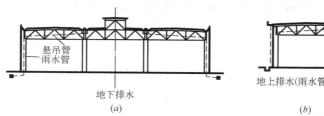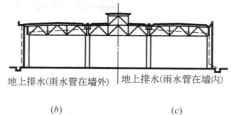

图 5-38　悬吊管外排水示意图

为了避免厂房内地下的雨水管与工艺设备、管线发生矛盾，在设备和管沟较多的多跨厂房中，可采用悬吊管外排水方式，它是把雨水经过悬吊管引向外墙处排出的。雨水立管可设于室内，也可设于室外。这种排水方式耗费材料，水管表面易产生凝结水，滴落时影响生产。

（二）屋面防水

屋面防水做法有：卷材防水屋面、刚性防水屋面、钢筋混凝土构件自防水屋面和瓦材屋面等。

1. 卷材防水屋面

卷材防水屋面的构造原则和屋面的构造做法要求与民用建筑的相同，这里不再重复。但由于厂房的屋面受到振动影响，板缝处的防水层开裂相当严重，裂缝大多出现在横缝（屋架上的板缝）处。横向裂缝常由温度变形、挠度变形和结构体系变形等因素引起的。一般常采用以下措施：增强屋面基层的刚度和整体性以减少基层变形，例如选用刚性好的板型；改进卷材的接缝构造做法，如在横缝处找平层上，先干铺一层附加层，再在其上铺贴卷材防水层（图5-39）。

2. 构件自防水屋面

构件自防水屋面是承重及防水合一，它利用屋面构件自身的混凝土密实性和对板缝进行局部防水处理的一种防水屋面。图5-40所示为F形屋面板自防水屋面的做法。

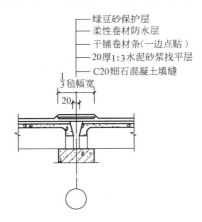

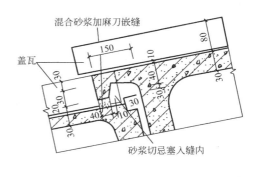

图5-39　卷材防水横缝处理

图5-40　F形板纵缝搭盖防水处理

3. 石棉水泥瓦屋面

这种屋面的构造是将石棉水泥瓦搭在檩条上，屋面坡度为1∶2.5～1∶3。

二、天窗

（一）矩形天窗

矩形天窗在我国应用比较普遍，一般是沿厂房的纵向布置，在厂房屋面两端和变形缝两侧的第一个柱间常不设天窗。这样一方面可简化构造，另一方面还可作为屋面检修和消防的通道。在每段天窗的端壁应设置上天窗屋面的检修梯。

矩形天窗主要由天窗架、天窗端壁、天窗屋面板、天窗侧板、天窗扇等组成（图5-41）。

（1）天窗架　是天窗的承重结构，支承在屋架上弦（或屋面梁上缘）上，承担天窗部分的屋面重量。一般与屋架用同一种材料制作，宽度为屋架或屋面梁跨度的1/3～1/2，有6、9、12m几种规格。

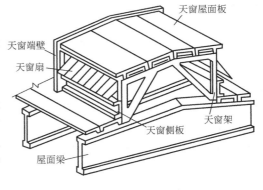

图5-41　矩形天窗

（2）天窗端壁（图5-42）　天窗端壁不仅使天窗尽端封闭起来，同时也支承天窗上部的屋面板。天窗端壁采用预制的钢筋混凝土肋形板。当天窗宽度为6m时，用两个端壁板拼成，9m时用三个端壁板拼成。

（3）天窗侧板（图5-43）　是天窗扇下的围护结构，其作用是防止雨水溅入室内。天窗侧板一般用钢筋混凝土槽形板或平板制作，高度400～600mm，高出屋面300mm，板长6m。

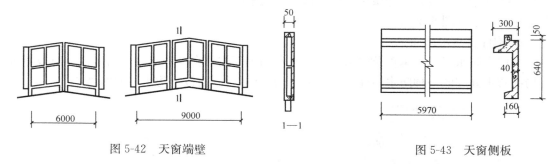

图 5-42　天窗端壁　　　　　　　　　　　　　图 5-43　天窗侧板

（4）天窗窗扇（图 5-44）　一般均为单层，有木制和钢制两种。常采用钢天窗扇，其开启方式一般采用上悬式。

（5）天窗屋面板　天窗屋面板与厂房屋面板相同，采用无组织排水，檐口出挑尺寸为 300～500mm。

（二）矩形避风天窗

避风天窗也就是通风天窗，当室外风速较大时，天窗可能产生倒灌风现象，这就影响天窗排气的效果。为了解决这个问题，在天窗两侧加设挡风板，使挡风板内侧与天窗口间的气流能经常处于负压，这样天窗就能稳定地将车间内部的余热或有害气体排至室外（图 5-45）。

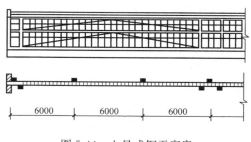

图 5-44　上悬式钢天窗扇

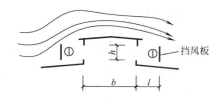

图 5-45　避风天窗剖面示意

避风天窗主要用于热加工车间，除寒冷地区采暖的车间外，其窗口常做成开敞式的不装设窗扇，为了防止飘雨，须设置挡雨片。挡风板的高度不宜超过天窗檐口的高度，一般应比檐口稍低。挡风板与屋面板之间应留空隙，便于排雨雪和积灰。此缝隙不宜过大，不然风从缝隙吹入会产生倒灌风，影响通风效果。挡风板端部必须封闭以利排气。在挡风板上还应设置供清灰和检修时通行的小门（图 5-46）。

挡风板的形式有立柱式（直或斜立柱式）与悬挑式（直或斜悬挑式）（图 5-47）。

立柱式挡风板是将立柱支承在屋架上弦的柱墩上，用支撑与天窗架连接，结构受力合理；但挡风板与天窗之间的距离受屋面板排列的限制，同时立柱处防水处理较复杂。故它多用于大型屋面板屋盖。

挡风板可做向外倾斜或垂直的。向外倾斜一般与水平面成 50°～70°角，当风吹向这种形式的挡风板时，可使气流大幅度地飞跃，从而增加抽风能力，其通风效果较垂直的好。

挡雨片的挡雨角度按≤40°考虑，其设置方式有三种：屋面作成大挑檐；水平口设挡雨片；垂直口设挡雨板（图 5-48）。目前常用的是水平口挡雨片，其通风阻力较小，挡雨

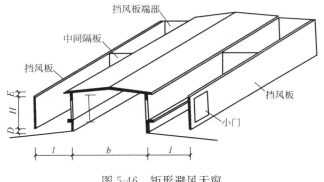

图 5-46　矩形避风天窗

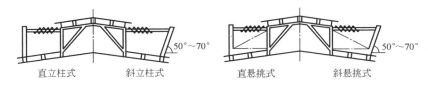

直立柱式　　　斜立柱式　　　　　直悬挑式　　　斜悬挑式

图 5-47　挡风板形式

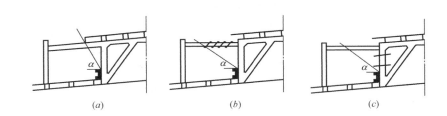

(a)　　　　　　　　　(b)　　　　　　　　　(c)

图 5-48　挡雨板的设置方式

(a) 大挑檐；(b) 水平口设挡雨片；(c) 垂直口设挡雨板；

α——飘雨角（一般可按≤40°角选用）

片多采用60°角。在大风多雨地区及对挡雨要求较高时，可将第一个挡雨片适当延长。

（三）井式天窗

井式天窗（图5-49）是将一个柱距内的部分屋面板下沉，在屋面上形成若干凹陷的矩形天窗井，并可以在每个井壁的三面或四面设置天窗排气口。天窗井的位置可根据需要灵活布置，有一侧布置、两侧布置和跨中布置等形式。

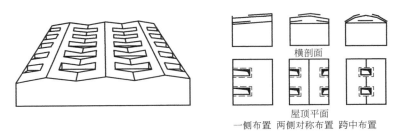

横剖面

屋顶平面

一侧布置　两侧对称布置　跨中布置

图 5-49　井式天窗

第五节　地面与其他构件

一、地面

厂房地面材料及构造做法的选择，主要取决于生产使用上的要求。如精密车间，要求地面不起尘；有化学侵蚀的车间，地面应有足够的防蚀性；经常有水的地面，则应设置排水坡度等。

工业厂房地面构造与民用建筑的地面构造大致相同，一般由面层、垫层和基层组成。如有特殊要求时，可增设结合层、找平层、隔离层等。

二、钢梯

在厂房中，由于生产操作和检修需要，常设置各种钢梯。

钢质作业梯是供工人上下操作平台而设置的。国家标准图集中有45°、59°、73°、90°等标准斜度的钢梯。其宽度有600mm和800mm两种。除90°的直梯外，其他扶梯均应设有栏杆扶手（图5-50）。

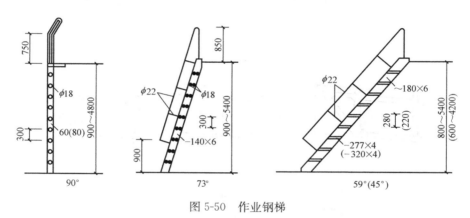

图5-50　作业钢梯

第六章　高层建筑简介

第一节　概　述

　　10层及10层以上的居住建筑和建筑高度超过24m的其他建筑均称为高层建筑。高层建筑是近代经济发展和科学技术进步的产物。城市人口集中，用地紧张以及商业竞争的激烈化，促使了近代高层建筑的出现和发展。世界上第一幢近代高层建筑是美国芝加哥的家庭保险公司大楼，10层，55m高，建于1884～1886年。我国的高层建筑是在50年代末开始逐渐发展起来的，首先在北京建成了民族饭店14层，民航大楼16层。到60年代，在广州建成了人民大厦18层，广州宾馆27层。70年代又建成了广州白云宾馆33层，南京金陵饭店37层。进入80年代，高层建筑发展很快，当时在深圳建成的国贸中心大厦，共50层，160m高（图6-1）。

　　高层建筑主要用于住宅、旅馆、办公楼和商业大楼。住宅一般在20层以下，如日本的高层标准住宅为14层，俄罗斯的高层标准住宅为9～16层。旅馆多为10～20层，现已发展到30层，30层以上的多为办公楼或商业楼。

图6-1　深圳国贸中心

　　高层建筑与一般多层建筑相比用钢量较大，设备投资高，但在城市建设中有很多优点。高层建筑占地面积小，提高土地利用率，扩大市区空地，利于城市绿化，改善环境卫生。同时，由于城市用地紧凑，可使道路、管线等设施集中，节省市政投资费用，在设备完善的情况下，垂直交通要比水平交通方便些，可使许多相关的机构放在一座建筑物内，便于联系。在建筑群体布局上，高低相间，点面结合，可以改善城市面貌，丰富城市艺术。基于以上特点，高层建筑已成为目前各国建筑活动的重要内容。

第二节　高层建筑的结构选型

一、高层建筑的结构类型

　　高层建筑的结构形式繁多，以材料分有：砖石结构、钢筋混凝土结构、钢结构以及钢-钢筋混凝土组合结构等。

砖石结构在高层建筑中采用较少。因为砖石结构强度较低，尤其抗拉和抗剪性能较差，难以抵抗高层建筑中因水平力作用引起的弯矩和剪力，在地震区一般不采用。我国最高的砖石结构为 9 层。

钢筋混凝土结构在高层建筑中发展迅速且应用广泛。与砖石结构相比，强度高，抗震性能好，并具有良好的可塑性，而且建筑平面布置灵活。目前随着轻质、高强混凝土材料的问世，以及施工技术、施工设备的更新完善，使钢筋混凝土结构已成为高层建筑的主导形式。

钢结构高层建筑在我国应用较晚，1985 年以后，在北京、上海、深圳等地才开始兴建，如上海锦江饭店，44 层，153m 高，为八角形钢框架。钢结构自重轻，强度高，抗震性能好，安装方便，施工速度较快，并能适应大空间、多用途的各种建筑。采用钢结构建造的高层建筑在层数和高度上均大于钢筋混凝土结构。但该结构也同时存在用钢量大，造价高等缺点，所以这种结构常用于钢材产量较丰富地区，且用于建造超高层建筑。

钢和钢筋混凝土组合结构高层建筑吸取了以上结构的优点，把钢框架与钢筋混凝土筒体结合起来。施工时先安装一定层数的钢框架，利用钢框架承受施工荷载，然后，用钢筋混凝土把外围的钢框架浇灌成外框筒体来抵抗水平荷载。这种结构的施工速度与钢结构相近，但用钢量比钢结构少，耐火性较好。这种体系目前在国外应用较多，如美国休斯顿商业中心大厦，79 层，305m 高。

二、结构体系

一般房屋在进行结构设计时，主要是根据竖向荷载来设计，水平荷载仅是次要荷载，甚至有些低层建筑可以不计。而在高层建筑设计时，除了考虑竖向荷载作用以外，还应考虑由风力或地震作用引起的水平荷载。因为竖向荷载主要引起结构中的竖向压力，而水平荷载引起的内力主要是弯矩和剪力。房屋层数越高，该层承受的地震作用和风力越大。因此，水平荷载往往是控制设计的主要因素，必须采取必要的措施，选用合理的结构体系来抵抗。

高层建筑的结构体系可以分为：框架体系、剪力墙体系、框架-剪力墙体系、筒体体系等。

1. 框架体系

框架是柱子和与柱相连的横梁所组成的承重骨架（图 6-2），框架一般用钢筋混凝土作为主要结构材料。当层数较多、跨度、荷载很大时，也可用钢材作为主要承重骨架的钢框架。

框架中的梁和柱除了承受楼板、屋面传来的竖向荷载外，还承受风或地震产生的水平荷载。竖向力由楼板通过横梁传给柱，再由柱传到基础上去。水平荷载也同样由楼板经过横梁传给柱而至基础。框架体系的优点是建筑平面布置灵活，可以形成较大的空间，能满足各类建筑不同的使用和生产工艺要求。框架结构的梁柱等构件易于预制，便于工厂制作加工和机械化施工，因而应用十分广泛。框架体系的主要问题是结构横向刚度差，承受水平荷载的能力不高。在水平力作用下，框架结构底部各层梁、柱的弯矩显著增加，从而增大截面及配筋量，并对建筑平面布置和空间使用有一定的影响。因此，当建筑层数大于15 层或在地震区建造高层房屋时，不宜选用框架体系。

框架体系柱网的布置形式很多，可以结合不同的建筑类型选用，如图 6-3 为几种典型建筑的柱网布置形式。

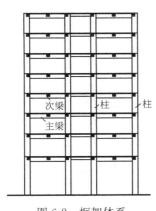

图 6-2　框架体系

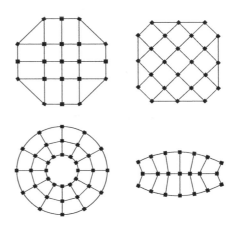

图 6-3　框架柱网布置

2. 剪力墙体系

剪力墙体系是利用建筑物的内、外墙作为承重骨架的一种结构体系。它以房屋中传统的墙体代替了框架中的梁、柱构件来承受建筑物的竖向荷载和水平荷载。剪力墙既是承重结构又能起到围护作用。

一般房屋的墙体主要承受压力，而剪力墙除了承受竖向压力以外，还要承受由水平荷载所引起的剪力和弯矩。所以，习惯上称为"剪力墙"（图 6-4）。

剪力墙一般沿横向、纵向正交布置或沿多轴线斜交布置。它刚度大、空间整体性好，用钢量较小而且抗震性能好，在住宅和旅馆客房层采用剪力墙结构可以较好地适应墙体较多、房间面积不太大的特点，而且可以使房间内不露出梁柱，整齐美观。

剪力墙结构墙体多，不容易布置面积较大的房间。为了满足旅馆布置门厅、餐厅、会议室等大面积公用房间的要求，以及在住宅楼底层布置商店和公用设施的要求，可以将剪力墙结构的底部一层或几层取消部分剪力墙代之以框架，形成底部大空间剪力墙结构和大底盘大空间剪力墙结构。而标准层则可以是小开间或大开间结构（图 6-5）。

三、框架-剪力墙体系

所谓框架-剪力墙体系即把框架和剪力墙两种结构共同组合在一起而形成的结构体系。房屋的竖向荷载通过楼板分别由框架和剪力墙共同负担，而水平荷载则主要由水平方向刚度较大的剪力墙来承受。这种结构既具有框架结构布置灵活、使用方便的特点，又有较大的刚度和较强的抗震能力，因而广泛地应用于高层办公建筑和旅馆建筑，一般适用于15～30 层的高层建筑。另外，在 12～15 层范围内，采用框架-剪力墙结构较框架结构更为经济，如图 6-6 所示。

四、筒体体系

随着建筑物高度的增加，传统的框架体系、框架-剪力墙体系已不能很好地满足高层建筑在水平荷载作用下强度和刚度的要求。至于剪力墙体系则因平面受墙体所限，不能满足建筑上需要较大的开间和空间的要求。筒体体系因其在抵抗水平力方面具有良好的刚度，并能形成较大的使用空间，因此，从 20 世纪 60 年代开始常用于超高层建筑中。

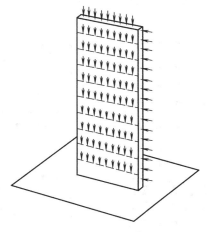

图 6-4　剪力墙的受力示意

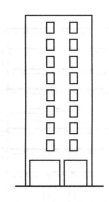

图 6-5　框支剪力墙

筒体是由若干片纵横交接的框架或剪力墙所围成的筒状封闭骨架（图 6-7）。每一层的楼面又加强了各片框架或剪力墙之间的相互连接，形成一个空间构架，使整个骨架具有比单片框架或剪力墙好得多的空间刚度。

筒体体系根据筒体布置、数量、组成等又可分为单筒、筒中筒、框筒、成束筒几种体系。

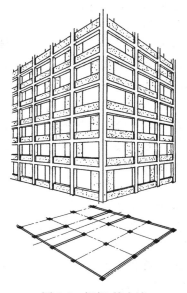

图 6-6　框架-剪力墙

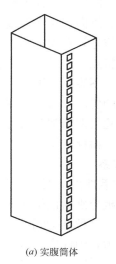

(a) 实腹筒体

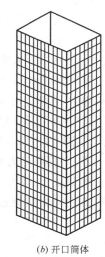

(b) 开口筒体

图 6-7　筒体示意图

在高层建筑中，四周采用框架，而利用电梯井、楼梯间、管道井等在平面中央部位形成一个筒体核心（称为内筒）以抵抗水平力，这样就构成一个内筒体的单筒结构［图 6-8（a）］。

当单筒结构不能满足抵抗水平力的要求时，可以利用内筒和外筒共同抵抗水平力，这种由内外筒组成的筒体结构称为筒中筒结构［图 6-8（b）］，同时各层的楼板把内外筒连接成一个抵抗水平力的整体。深圳市的国际贸易中心大厦 50 层 160m 高就是采用这种筒中筒结构，其外筒平面尺寸为 34.6m×34.6m，外筒柱距 3.75m，内筒平面尺寸为 17.3m×19.1m。

当筒体作成框架形式时称为框架筒，一般框架筒的竖向柱子采取密排形式，柱距 1～3m，窗洞口很窄，横梁高度一般为 0.6～1.2m，密排柱与横梁构成一个网格，这种筒体便成了一个高度很大的多孔管［图 6-8（c）］。

筒体结构的最新发展是成束筒结构。它是由几个连在一起的筒体组成。美国芝加哥的西尔斯大厦，110 层，442m 高，就是采用这种结构体系，其平面尺寸为 68.58m×68.58m（图 6-9），它由 9 个方形单元筒组合而成，在保证结构整体性能的前提下，它的每个筒按需要在不同高度上截止。

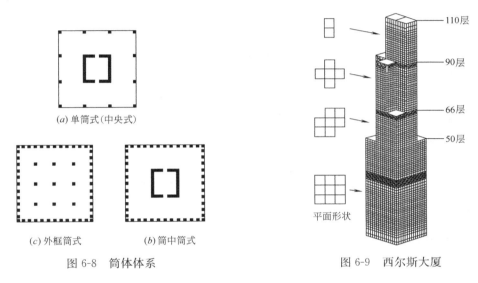

图 6-8　筒体体系　　　　　　　　　　　图 6-9　西尔斯大厦

第三节　高层建筑的垂直交通设计与防火构造

一、高层建筑的垂直交通设计

随着城市发展的需要，建筑科学技术的不断进步，高层建筑已成为近代城市发展的必然趋势。在高层建筑的设计中，如何解决好垂直交通问题，已成为整个建筑布局的关键。目前，电梯是高层建筑的主要垂直交通工具，楼梯在高层建筑中也是不可缺少的，经常由几部电梯组成一个电梯厅，并与疏散楼梯结合在一起，形成一个交通中心。因此，对电梯的选用及其在建筑物中的分布，将决定高层建筑的合理使用，提高效率和降低造价。

（一）电梯的类型与构成

电梯一般分为乘客电梯、载货电梯和专用电梯几种。

不论何种电梯，通常是由轿厢（电梯厢）、平衡锤和起重设备三部分组成。轿厢供载人和载货用，是工厂生产的定型产品。轿厢外设轿架，上有 4 个导靴，是轿厢与导轨接触的部分，轿架上端用吊索与平衡锤相连。平衡锤由一些金属块叠合而成。起重设备包括动力、传动与控制三部分，如图 6-10 所示。

（二）电梯的设置

影响电梯设置的因素有：建筑物内人员密度和电梯运行频率。人员密度（m^2／人）因

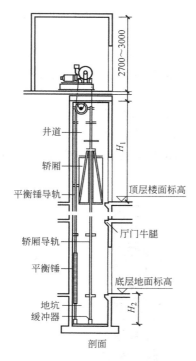

图 6-10　电梯组成示意

建筑物规模及性质而异。电梯的运行频率，对办公楼来讲，通常以早晨上班时间为最高。但是中午休息时间因去吃午饭，则电梯的运行频率不亚于早晨上班时间的频率，甚至超出了上班时的频率。对高层住宅来讲，其最高峰可能出现在下班以后的某段时间内。对高层旅馆来讲，其最高峰也是出现在傍晚时间。

根据实际调查，就运输能力来讲，高层办公楼一般一台电梯的服务有效面积约为 2500～4000m²。高层旅馆客用电梯，一般一台电梯服务 100～200 间客房。高层住宅中的电梯是按户数来考虑，即每台电梯所服务的户数。一般一台电梯每层服务 8 户左右，就一幢高层住宅楼来讲，一台电梯的服务面积约为 5000～6000m²，服务户数约为 60～80 户。

（三）电梯与楼梯的布置关系

楼梯应布置在距电梯不远之处，但楼梯也应有一定的独立性。当电梯数量较少时，楼梯与电梯结合起来布置较好。当电梯数量较多时，宜分开布置，并应有所隔离。当电梯厅设有多组电梯时，设计中须考虑人流的集中、等待与散开的需要。两组电梯间的净距，一般为 4.0～4.5m。

电梯的布置方案，根据电梯数量及使用性质等而异。有的把楼梯围绕电梯井布置，有的电梯则布置在楼梯的对面或侧面。当电梯台数较多时，应将主要通道与电梯厅分开，以避免高峰运输时，乘梯人流与通道人流产生拥挤现象。为缩短等待乘电梯的时间及经济性，在建筑物内分散布置电梯不如在一个地方集中布置电梯有利。

二、高层建筑的防火问题

（一）防火问题

高层建筑火灾的特点是：火势蔓延途径多，危害大；疏散困难，容易造成重大伤亡事故；如消防设施设计不够完善，则扑救困难；功能复杂，起火因素多。高层建筑防火设计，首先要从建筑总体规划入手，即合理布局，然后再进行妥善的平面布置。在平面设计中，应根据建筑物用途实行防火分区。防火分区包括水平和竖向两个方面。水平防火分区是指用防火材料将面积大的高层建筑在水平方向分隔成几个防火单元；竖向防火分区是指上、下层分别用具有足够耐火极限的楼板层进行防火分隔。对一般的通廊式住宅、邮电大楼、百货大楼、展览馆、高级宾馆、图书馆、档案馆和医院等高层建筑，水平防火分区一般以不超过 1000m² 为宜。竖向防火分区的高度，一般按一个楼层来考虑。

（二）防、排烟问题

事实说明，当发生火灾时，烟气对人的危害较火的危害更为严重，故设计高层建筑时，如何有效地迅速排除烟气极为重要。关于防、排烟的问题，首先是进行防、排烟分区。防、排烟分区是在防火分区中更进一步详细划分。

从防烟角度来看，划分成小分区更为有效。最大防烟分区应控制在 500m²，且防烟分区不应跨越防火分区。在防烟分区之间应设置隔烟和阻烟措施。其方法有：防烟墙、防烟卷帘、防烟挡板和挡烟梁等。

排烟系统有自然排烟和机械排烟。在高层建筑中，自然排烟方法只能看作是对机械排烟的一个辅助措施。自然排烟最简单的方法是利用窗户。效果比较理想的是用烟塔排烟。

在高层建筑中，作为安全疏散用的楼梯间应设计成封闭或能防烟的楼梯间（图6-11）。所谓防烟楼梯间即在楼梯间的入口处，加设一间面积不小于 $6m^2$ 的前室。前室内除有消火栓外，还应设防、排烟设施，并用防火门隔开，防止烟雾串入楼梯间内。此外，高层建筑还应设消防电梯间，以便消防人员直达屋顶救火。消防电梯间也和防烟楼梯间一样，应设前室和防、排烟设施等（图 6-12）。如果防烟楼梯间和消防电梯间合用一个前室时，其合用前室的面积居住建筑不应小于 $6m^2$，公共建筑不应小于 $10m^2$。

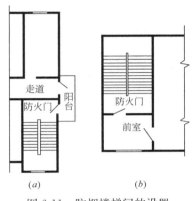

图 6-11　防烟楼梯间的设置

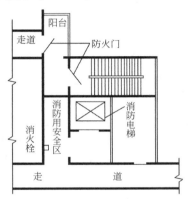

图 6-12　消防电梯间的设置

（三）消防、疏散问题

设计安全疏散设施（主要是疏散楼梯、公共走廊和门厅等）时，应根据建筑物用途、容纳人数、面积大小和人在火灾时的心理状态等情况，合理布置安全疏散设施及确定有关尺寸。在设计时，主要考虑以下几方面的问题：

（1）合理布置疏散路线；

（2）合理布置疏散楼梯；

（3）设置避难层或避难间；

（4）走廊的宽度及采光要求应符合防火规范；

（5）合理设置安全出口。

第七章 工业化建筑简介

第一节 概 述

建筑工业化，就是以现代化的科学技术手段，把分散的、落后的手工业生产方式改为集中的、先进的大工业生产方式。建筑工业化的主要标志是建筑设计标准化，构件生产工厂化，施工现场机械化，组织管理科学化。实行建筑工业化的意义在于能够加快建设速度，降低劳动强度，减少人工消耗，提高施工质量，彻底改变建筑业的落后状态。

工业化建筑通常是按建筑结构类型和施工工艺的不同来划分体系的。工业化建筑方式，一般分为专用体系和通用体系两种：专用体系是只适用于某一地区，某一类建筑使用的构件所建造的体系，它有一定的设计专用性和技术的先进性，又有一定的地方性和时间性；通用体系，就是对那些能够在各类建筑中可以互换通用的构配件加以归类统一，系列配套，成批生产，逐步打破各类建筑中专用构件的界限，化"一件一用"为"一件多用"。工业化体系，主要有以下几种类型：砌块建筑、框架建筑、大板建筑、盒子建筑等。

第二节 砌 块 建 筑

砌块建筑是目前我国应用广泛的一种建筑体系，其最大优点是能充分利用工业废料，制作方便，施工不需要大的起吊设备。缺点是抗震性能差，湿作业较多。

一、砌块的种类及规格

砌块的种类很多，按材料分有普通混凝土砌块和煤矸石混凝土砌块、陶粒混凝土砌块、炉渣混凝土砌块、加气混凝土砌块等；按品种分有实体砌块、空心砌块；按规格分有小型砌块、中型砌块和大型砌块。

小型砌块，尺寸小、重量轻（一般在20kg以内），适应于人工搬运、砌筑；中型砌块尺寸较大、重量较重（一般在350kg以内），适应于中、小机械起吊和安装；而大型砌块则是向板材过渡的一种形式，尺寸大、重量重（一般每块重量达350kg以上），故需大型起重设备吊装施工，目前采用较少。

二、砌块墙的构造

由于砌块的尺寸较砖大，所以墙体接缝更显得重要。在砌筑、安装时，必须保证灰缝横平、竖直、砂浆饱满。一般砌块墙采用M5砂浆砌筑，水平缝为15mm，有配筋或钢筋网片的水平缝厚度为20~25mm。垂直灰缝20mm，当大于30mm时，应用C20细石混凝土灌实，当垂直缝宽度大于150mm时，应用普通黏土砖填砌。砌筑砌块时，上下皮应错缝，搭接长度一般为砌块长度为1/2，不得小于砌块高的1/3，且不应小于150mm。当无法满足搭接长度要求时，则应在水平灰缝内设置2φ4钢筋网片予以加强，网片两端离垂直缝的距离不得小于300mm（图7-1、图7-2）。

图7-1　砌块搭接

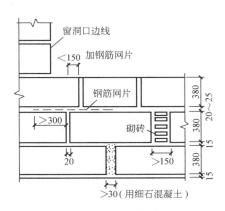

图7-2　砌块排列

外墙转角处及纵横墙交接处，应将砌块分皮咬槎，交错搭接，当不能满足要求时，应在交接处设置钢筋网片加固（图7-3）。

为了加强房屋的整体刚度，应在砌块墙中设置钢筋混凝土圈梁，圈梁高度不应小于150mm，所配纵向钢筋不少于4φ8，钢箍间距不大于300mm。

为加强砌块房屋的整体刚度，空心砌块常于房屋转角和必要的内、外墙交接处设置构造

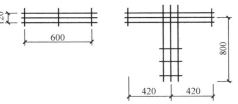

图7-3　柔性钢筋拉接网片

柱。构造柱系将砌块上下孔对齐，于孔中配2φ10～φ12钢筋分层插入，并用C20细石混凝土分层填实。构造柱须与圈梁连接。

第三节　框架板材建筑

框架轻板建筑是由柱、梁、板组成的框架为承重结构，以各种轻质板材为围护结构的新建筑形式。它的优点是自重轻、构件少、节约材料、施工速度快、有利抗震，室内布置灵活，适于改造，此外，由于墙体减薄，相应增加了使用面积，缺点是造价偏高。

一、框架结构的类型

框架按所使用材料可分为钢筋混凝土框架和钢框架两种。按施工方法可分为全现浇式、全装配式和装配整体式三种。按构件组成可分为以下三种（图7-4）：

1. 梁板柱框架

由梁、楼板和柱组成的框架称为梁板柱框架。这种结构是梁与柱组成框架、楼板搁置在框架上，优点是柱网做得可以大些，适用范围较广。

2. 板柱框架

由楼板、柱组成的框架称为板柱框架。楼板可以是梁板合一的肋形楼板，也可以是实

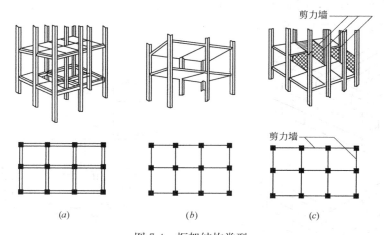

图 7-4　框架结构类型

(a) 梁板柱框架；(b) 板柱框架；(c) 剪力墙框架

心大楼板。

3. 剪力墙框架

框架中增设剪力墙称为剪力墙框架。剪力墙承担大部分水平荷载，增加结构水平方向的刚度，框架基本上只承受垂直荷载。

二、装配式钢筋混凝土框架构件划分

整个框架是由若干个基本构件组合而成的，因此构件划分将直接影响结构的受力和施工难易等。构件的划分应本着有利于构件的生产、运输、安装，有利于增强结构的刚度和

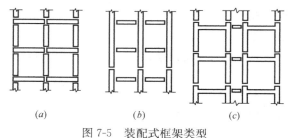

图 7-5　装配式框架类型

(a) 短柱式；(b) 长柱式；(c) 框架式

简化节点构造的原则进行。通常有以下几种划分方式（图 7-5）：

1. 短柱式

这种框架是把梁、柱按开间、跨度和层高划分成直线形的单个构件。这种框架构件外形简单，重量较小，便于生产、运输和吊装，因此被广泛采用。

2. 长柱式

这种框架是采用二层楼高或更长的柱子。其特点与短柱式框架类似，但接头少。

3. 框架式

把整个框架划分成若干小框架。小框架的形状有 H 形、十字形等。它扩大了构件的预制范围，接头数量少，施工进度快，能增强整个框架的刚度。但构件制作、运输、安装较复杂，只有在运输吊装设备较好的条件下采用。

三、装配式构件的连接

（一）柱与柱的连接

柱与柱的连接采用刚性连接，有浆锚连接、柱帽焊接、榫式接头连接等连接方式。

1. 浆锚连接（图 7-6）

在下柱顶端预留孔洞，安装时，先在洞中灌入高强快硬膨胀砂浆，然后将上柱伸出的

钢筋插入，经过定位、校正、临时固定，待砂浆凝固后即形成刚性接头。

2. 柱帽连接（图7-7）

柱帽用角钢做成，并焊接在柱内的钢筋上。帽头中央设一钢垫板，以使压力传递均匀。安装时用钢夹具将上下柱固定，使轴线对准，焊接完毕后再拆去钢夹具，并在节点四周包钢丝网抹水泥砂浆保护。此法的优点是焊接后就可以承重，立即进行下一步安装工序，但钢材用量较多。

3. 榫式连接（图7-8）

在柱的下端做一榫头，安装时榫头落在下柱上端，对中后把上下柱伸出的钢筋焊接起来，并绑扎箍筋，支模，在四周浇筑混凝土。这种连接方法焊接量少，节省钢材，节点刚度大，但对焊接要求较高，湿作业多，要有一定的养护时间。

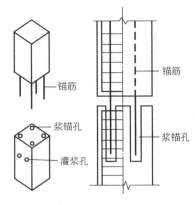

图 7-6　浆锚连接

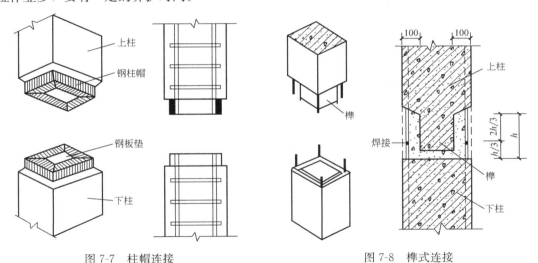

图 7-7　柱帽连接　　　　　　　图 7-8　榫式连接

（二）梁与柱的连接

梁与柱的连接位置有两种情况，一种是梁在柱旁连接，另一种是梁在柱顶连接。

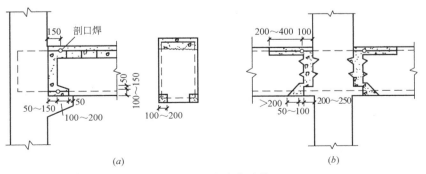

图 7-9　梁在柱旁连接

（a）明牛腿；（b）暗牛腿

175

1. 梁在柱旁连接，可利用柱上伸出的钢牛腿或钢筋混凝土牛腿支承梁（图 7-9）。钢牛腿体积小，可以在柱预制完以后焊在柱上，故柱的制作比较简单。也可采用两种牛腿结合使用的方法，即柱的两面伸出钢筋混凝土牛腿，另两面用钢牛腿。

2. 梁在柱顶连接，常用叠合梁现浇连接。此法是将上下柱和纵横梁的钢筋都伸入节点，用混凝土灌成整体（图 7-10）。在下柱顶端四边预留角钢，主梁和连系梁均搭在下柱边缘，临时焊接，梁端主梁伸出并弯起。在主梁端部预埋由角钢焊成的钢架，以支撑上层柱子，俗称钢板凳。叠合梁的负筋全部穿好以后，再配以箍筋，浇筑混凝土形成整体式接头。

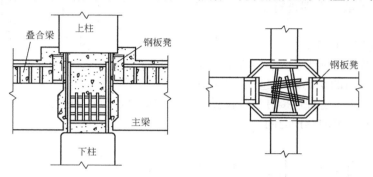

图 7-10　梁在柱顶连接

（三）框架与轻质墙板的连接

框架与轻质墙板的连接，主要是轻质墙板与柱或梁的接头。轻质墙板有整间大板和条板。条板可以竖放，也可以横放。

整间大板可以和梁连接，也可以和柱连接。竖放条板只能和梁连接，横放条板只能和柱连接。连接方式可以是预埋件焊接，也可以用螺栓连接。

第四节　大板建筑

大型板材建筑，简称大板建筑，是由预制的外墙板、内墙板、楼板、楼梯和屋面板组成。它的优点是适于大批量建造，构件工厂生产效率高、质量好，现场安装速度快，施工周期短，受季节性影响小。板材的承载能力高，可减少墙的厚度，减轻房屋自重，又增加房间的使用面积。缺点是一次投资大，运输吊装设备要求高等。

大板建筑按施工方法可分为全装配式和内浇外挂式，本节只简介全装配式大板建筑（图 7-11）。

一、大板建筑的主要构件

（一）墙板

墙板按所在位置可分为外墙板和内墙板；按受力情况可分为承重和非承重两种墙板；按构造形式又可分为单一材料板和复合材料板等。

1. 外墙板

外墙板是房屋的围护构件，不论承重与否都要满足防水、保温、隔热和隔声的要求。

外墙板可根据具体情况采用单一材料，如矿渣混凝土、陶粒混凝土、加气混凝土等，也可采用复合材料墙板，如在混凝土板间加入各种保温材料。

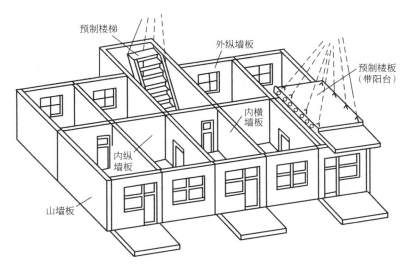

图 7-11 装配式大板建筑示意

外墙板的划分，水平方向有一开间一块、两开间一块和三开间一块等方案；竖向一层一块、两层一块或三层一块等（图7-12）。

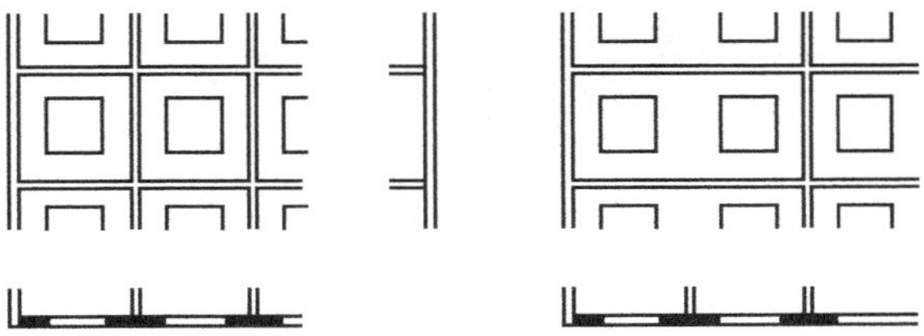

2. 内墙板

内墙板是主要承重构件，用它来和外墙板及楼板组成空间的结构体系。它应有足够的强度和刚度。同时内墙板也是分隔内部空间的构件，应具有一定的隔声、防火和防潮能力。

内墙板常采用单一材料的实心板，

图 7-12　外墙板的划分

（a）一开间一块；（b）两开间一块

主要是混凝土或钢筋混凝土，根据各地情况还有炉渣、粉煤灰、硅酸盐和振动砖墙板等。

3. 隔墙板

主要用于建筑物内部的房间分隔，不承重，主要是隔声、防火、防潮及轻质等要求，目前多采用加气混凝土条板、碳化石灰板和石膏板等。

（二）楼板和屋面板

大板建筑的楼板，主要采用横墙承重（或双向承重）布置，大部分设计成按房间大小的整间大楼板。类型有实心板、空心板，轻质材料填芯板等。屋面板常设计成带挑檐的整块大板。

二、大板建筑的连接构造

大板建筑主要是通过构件之间的牢固连接，形成整体。

（一）墙板与墙板的连接

墙板构件之间，水平缝坐垫 M10 砂浆。垂直缝浇筑 C15～C20 混凝土，周边再加设一些锚接钢筋和焊接铁件连成整体。墙板上端用钢筋焊接与预埋件连接起来（图7-13），这样，当墙板吊装就位，上端焊接后，可使房屋在每个楼层顶部形成一道内外墙交圈的封

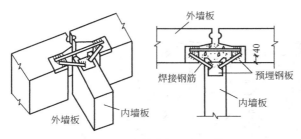

图 7-13　内外墙板上部连接

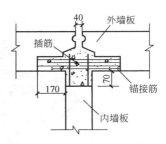

图 7-14　内外墙板下部锚接

闭圈梁。墙板下部加设锚接钢筋，通过垂直缝的现浇混凝土锚接成整体（图 7-14）。

　　内墙板十字接头部位，顶面预埋钢板用钢筋焊接起来（图 7-15），中间和下部设置锚环和竖向插筋与墙板伸出钢筋绑扎或焊在一起，在阴角支模板，然后现浇 C20 混凝土连成整体（图 7-16）。

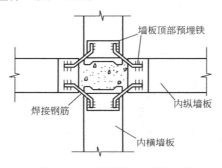

图 7-15　内纵横墙板顶部连接

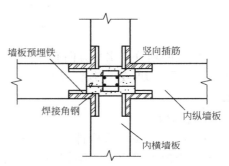

图 7-16　内纵横墙板下部连接

　　（二）楼板与内墙板连接

　　上下楼层间，除在纵横墙交接的垂直缝内设置锚筋外，还应利用墙板的吊环将上下层的墙板连接成整体。当楼板支承在墙板上时，除在墙板吊环处，楼板加设锚环外，在楼板的四角也要外露钢筋，吊装后将相邻楼板的钢筋焊成整体（图 7-17）。

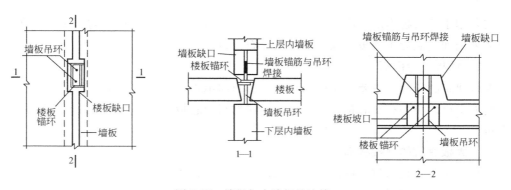

图 7-17　楼板与内墙板的连接

　　（三）楼板与外墙板连接

　　上下楼层的水平接缝设置在楼板板面标高处，由于内墙支承楼板，外墙自承重，所以外墙要比内墙高出一个楼板厚度。通常把外墙板顶部做成高低口，上口与楼板板面平，下口与楼板底平，并将楼板伸入外墙板下口（图 7-18）。这种做法可使外墙板顶部焊接均在相同标高处，操作方便，容易保证焊接质量。同时又可使整间大楼板四边均伸入墙内，提高了房屋的空间刚度，有利于抗震。

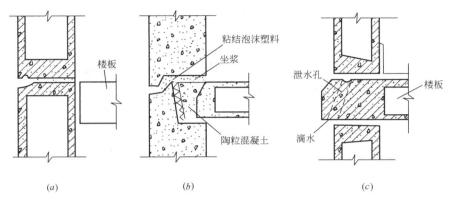

图 7-18　楼板与外墙板连接
（a）楼板不搭入墙板；（b）楼板进入墙板一部分；（c）楼板伸出墙外

第五节　盒子建筑

　　盒子建筑是采用盒子结构建造的建筑物，它的优点是装配化程度高，因此大大缩短现场工期，减少劳动强度，而且节约材料，建筑自重也大大减轻。只是受到工厂的生产设备、运输条件、吊装设备等因素限制。
　　钢筋混凝土盒子构件可以是整浇式或拼装式。后者是以板材形式预制再拼合连接成完整的房间盒子（图 7-19）。

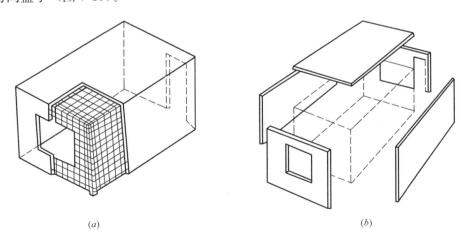

图 7-19　钢筋混凝土盒子的制作方式
（a）整浇式；（b）拼装式

　　由房间盒子组装成的建筑有多种形式，如：重叠组装式——上下盒子重叠组装；交错组装式——上下盒子交错组装；与大型板材联合组装式；与框架结合组装式——盒子支承和悬挂在刚性框架上，框架是房屋的承重构件；与核心筒体相结合——盒子悬挑在建筑物的核心筒体外壁上，成为悬臂式盒子建筑等各种形式（图 7-20）。

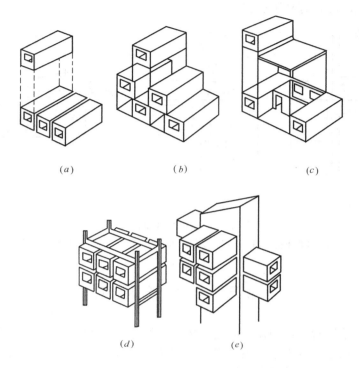

图 7-20　盒子建筑组合形式

（a）叠合；（b）错开叠合；（c）盒子与板材组合；（d）骨架支承；（e）核心结构悬挂

第八章　节能建筑概述

第一节　节能建筑的基本概念

一、节能建筑与建筑节能

节能建筑是探讨以满足建筑热环境和保护人居环境为目的，通过建筑设计手段及改善建筑围护结构的热工性能，充分利用非常规能源，使建筑达到可持续发展的应用研究科学。随着经济生活水平的提高和科学技术的飞速发展，人们对居住质量（建筑功能合理、建筑设备齐全、室内外环境条件舒适等）越来越重视，要求建筑师在进行建筑艺术创作的同时，更应创造良好的人居环境，实现建筑的可持续发展。

目前，建筑节能成为世界建筑界共同关注的课题，并由此形成关于"建筑节能"定义的争论，一般来讲，其概念有三个基本层次：最初仅强调"节能"，即为了达到节能的目标可以牺牲部分热舒适的要求；后来强调"在建筑中保持能源"，即减少建筑中能量的散失；目前较普遍的称为"提高建筑中的能源利用效率"，即积极主动的高效用能。我国建筑界对第三层次的节能概念有较一致的看法，即在建筑中合理地使用和有效地利用能源，不断提高能源的利用效率。

近年来，随着我国国民经济的迅速发展，国家对环境保护、节约能源、改善居住条件等问题愈加重视，法制逐步健全，相应制定了多项技术法规和标准规范，如：《严寒和寒冷地区居住建筑节能设计标准》（JGJ 26—2010）；《采暖通风与空气调节设计规范》（GBJ 19—2003）；《民用建筑热工设计规范》（GB 50176—93）等等。这些标准规范的颁布实施，对于改善环境、节约能源、提高投资的经济和社会效益，起到了重要作用。

近年来，我国采暖地区城镇平均每年新建采暖居住建筑约 1 亿 m^2。如果这些采暖居住建筑都按新标准建造，节能率 50%，则每年可节约采暖用煤 150 万 t 标准煤，可减少 SO_2 排放量 12.7 万 t、烟尘 6550t、灰渣 217 万 t。

二、可持续发展与可再生能源的应用

（一）可持续发展

目前，城市化倾向正漫无目标地不平衡地发展着，社会的严重失调使城市机制面临威胁，城市毁坏了自然资源，带来了污染及噪音，不卫生状态已达到难以容忍的程度。地球上约有 10 亿以上的人口居住条件恶劣，因此，在 1992 年，巴西里约热内卢的"世界首脑会议"的《21 世纪行动议程》中，有 2/3 的内容是关于可持续发展的建议，要在城市及地区中心实施，其目的是创造可持续发展的社会，对建筑而言，狭义地来讲，要创造可持续发展的建筑，广义地就是创造一个可持续发展的人居环境。

（二）可再生能源的应用

节能建筑设计中，在提高建筑围护结构的热工性能的同时，应充分利用可再生能源，

尽量少地消耗常规能源，用可再生能源代替常规能源的消耗。

1. 太阳能

太阳能应用是节能建筑设计的主要手段。太阳能是取之不尽、用之不竭的"无价"能源，不会造成居住环境的大气污染，且贮量极其巨大，以功率计算约 173 万亿 kW，大气层外太阳辐射能高达 $1353W/m^2$（太阳常数），但是穿过大气层后大大衰减，能流密度较小，以至于人们在利用"无价"的太阳能时需付出很大的努力。

我国地域辽阔，年日照时间大于 2000 小时的地区约占全国面积的 2/3，属于利用太阳能较有利的区域。太阳能在建筑中的应用，主要包括采暖、制冷、通风以及提供生活和生产用热水和电能等。

2. 地热能

地热能应用是在节能建筑中刚刚引起人们重视的一种技术措施。从地面向下达到一定深度以后（约 15～30m），地温不再受太阳辐射的影响，常年保持不变，这一深度范围叫做常温层。在建筑设计中所应用的地热能就是利用了地深层这种常温效应。

目前，建筑的地热能应用主要是利用地下恒温的特点，即通过一定设计手段和附加空间，冬季将地下热量引入所需空间进行采暖，夏季利用地下冷量实现室内致凉，达到建筑冬暖夏凉的目的，但尚有许多技术问题有待解决，如地下室空气品质问题、地下能源的贮存及散失问题等等。

3. 沼气能

沼气能是农村普遍应用的节能方法。沼气能就是将人畜的排泄物贮存在一定装置中，通过系列机制发酵产生沼气来引火煮食，达到节约煤炭、减少污染的目的。沼气能作为太阳能应用的补充，有效地解决了人聚地域内排泄物的处理和再应用问题，极好地形成建筑可持续发展的过程，符合保护人类生态环境的要求。在我国的广大农村，沼气技术已相当成熟，广大用户已积累了丰富的经验。

4. 风能

风能的应用是有待进一步研究的建筑节能领域。过去风能主要被用来发电或产生机械功来代替人的劳动。如何将风能转换成热能并被用于建筑采暖致凉，是一项崭新的研究课题。现在可以借助自动化智能系统、高新的技术设备，尤其在高层建筑方兴未艾的今天，实现高层建筑节能的风资源应用是可能和有前途的，风能利用是建筑节能的一个方向。

第二节　太阳能建筑设计概述

一、太阳能建筑技术的原理

在建筑中进行太阳能热利用的基本原理是通过集热器吸收太阳光热，将太阳能转换成热能（或机械能），利用热能加热空气进行采暖或通风（利用热能产生热水和利用热能或机械能进行空调制冷不在本文讨论范围之内）。

因为太阳能具有分散性、间断性、不稳定性，利用效率相对低些，所以设计时应当从地区太阳能资源的实际出发，因地制宜地把太阳能技术应用到建筑中去，寻求和发展适合不同地域的太阳能应用技术，使太阳能更充分地发挥作用。

二、采暖设计

太阳能采暖技术总体可分为两大类—被动式和主动式，每一类都包括多种形式。在设计和使用时往往不同形式相结合，以求合理与最优化。在条件允许的情况下，应优先选用被动式太阳能技术，或者设计一些缓冲性的房间，而主动式太阳能技术的采用则作为利用太阳能的补充部分。

（一）被动式太阳能采暖

被动式采暖设计是通过建筑朝向和周围环境的合理分布、内部空间和外部形体的巧妙处理以及建筑材料和结构构造的恰当选择，使其在冬季能集取、保持、储存、分布太阳热能，从而解决建筑物的采暖问题。该设计的基本思想是控制阳光和空气在恰当的时间进入建筑并储存和分配热空气。其设计原则是要有有效的绝热外壳，有足够大的集热表面，室内布置尽可能多的储热体，以及主次房间的平面位置合理。

被动式设计应用范围广、造价低，可以在增加少许或几乎不增加投资的情况下完成，在中小型建筑或住宅中最为常见。

1. 直接受益式（图 8-1～图 8-3）

| 图 8-1 直接受益式的基本形式 | 图 8-2 利用高侧窗直接受益式 |

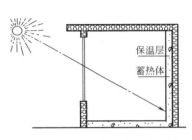

(a) 冬季利用反射板增强光照   *(b)* 夏季反射板遮挡直射,漫射光采光

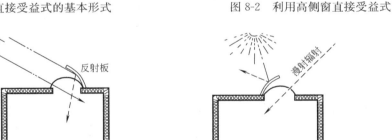

图 8-3 利用天窗直接受益式

房间本身是一个集热储热体，白天太阳光透过南向玻璃窗进入室内，地面和墙体吸收热量；夜晚被吸收的热量释放出来，维持室温。这是冬季采暖的全过程。

直接受益式是应用最广的一种方式，构造简单，易于安装和日常维护；与建筑功能配合紧密，便于建筑立面的处理；室温上升快，但是室内温度波动较大；较适用于主要为白天的使用的空间。

采用该形式需要注意以下几点：建筑朝向在南偏东西 30° 以内，有利于冬季集热和避免夏季过热；根据热工要求确定窗口面积、玻璃种类、玻璃层数、开窗方式、窗框材料和构造；合理确定窗格划分，减少窗框、窗扇自身遮挡，保证窗的密闭性；最好与保温帘、遮阳板相结合，确保冬季夜晚和夏季的使用效果。

保温层
玻璃
空气间层
蓄热体

图 8-4　集热蓄热墙的基本形式

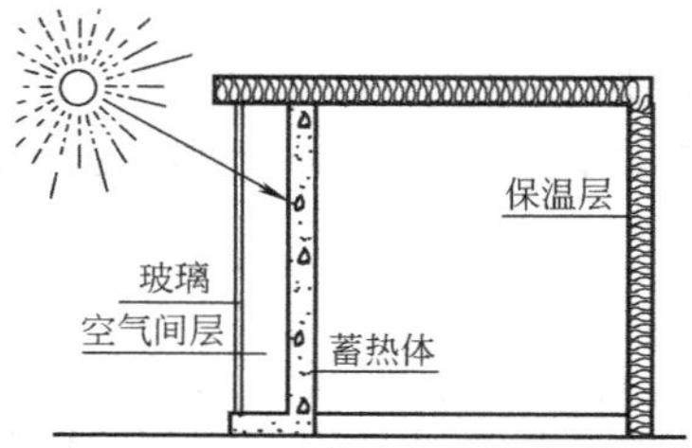

2. 集热蓄热墙式

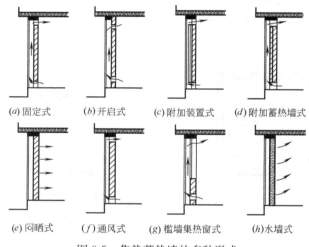

该方式属于间接受益太阳能采暖系统，向阳侧设置带玻璃罩的储热墙体，墙体可选择砖、混凝土、石料、土、水等储热性能好的材料。墙体吸收太阳辐射后向室内辐射热量，同时加热墙内表面空气，通过对流使室内升温（图 8-4）。如果墙体上下开有通风口，玻璃与墙体之间加热的空气可以和室内冷空气形成对流循环，促使室温上升如图 8-5。该形式与直接受益式相结合，既可充分利用南墙集热，又可与建筑结构相结合，并且室内昼夜温度波动较小。墙体外表面涂成深色、墙体与玻璃之间的夹层安装波形钢板，可以提高系统集热效率。

(a) 固定式
(b) 开启式
(c) 附加装置式
(d) 附加蓄热墙式
(e) 闷晒式
(f) 通风式
(g) 槛墙集热窗式
(h) 水墙式

图 8-5　集热蓄热墙的多种形式

3. 附加阳光间式

在向阳侧设透光玻璃构成阳光间接受日光照射，是直接受益式和集热蓄热墙式的组合。阳光间可结合南廊、入口门厅、休息厅、封闭阳台等设置，可作为生活、休闲空间或种植植物（图 8-6）。

该形式具有集热面积大、升温快的特点，与相邻内侧房间组织方式多样，中间可设砖石墙、落地门窗或带槛墙的门窗。中午阳光间内升温较快，应通过门窗或通风窗合理组织

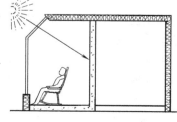

图 8-6　附加阳光间基本形式

(夏季)
对外排气孔
共用墙排气孔
(冬季)

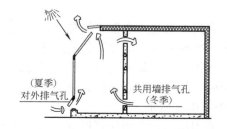

图 8-7　开设内外通风窗有效改善冬夏季工况
（通风口可以用门窗代替）

气流，将热空气及时导入、出室内（图 8-7）。另外，只有解决好冬季夜晚保温和夏季遮阳、通风散热，才能减少因阳光间自身缺点带来的热工方面的不利影响。

4. 屋顶池式

屋顶放置有吸热和储热功能的贮水塑料袋或相变材料，其上设可开闭的盖板，冬夏兼顾，都能工作。冬季白天打开盖板，水袋吸热，夜晚盖上盖板，水袋释放的热量以辐射和对流的形式传到室内（图 8-8、图 8-9）。夏季工况与冬季相反。

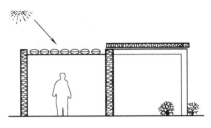
图 8-8　冬季白天工况

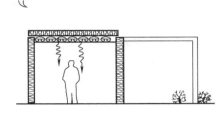
图 8-9　冬季夜间工况

该形式适合冬季不太寒冷且纬度低的地区。因为纬度高的地区冬季太阳高度角太低，水平面上集热效率也低，而且严寒地区冬季水易冻结。另外系统中的盖板热阻要大，贮水容器密闭性要好。

（二）主动式太阳能采暖

主动式设计是以太阳能的集热器、管道、散热器、风机或泵以及储热装置等组成强制循环的太阳能采暖系统（图 8-10）。按照集热器与集热介质的不同，可以分为空气集热式和液体集热式等多种系统形式。其中空气集热式以空气作媒介，按照被动式太阳能采暖技术的基本思路，增加了需要动力的风机和引导气流的风管，有的还增加了储热部分，所以将其归结为主动式设计手法。随着技术和材料的发展，目前该类型出现了多种形式。

1. 传统形式

在建筑的向阳面设置太阳能空气集热器，用风机将空气通过碎石贮热层送入建筑物内，并与辅助热源配合，如图 8-11 所示。由于空气的比热小，从集热器内表面传给空气的传热系数低，所以需要大面积的集热器，故该形式热效率较低。

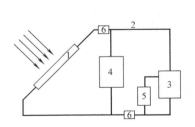
图 8-10　主动式太阳能采暖系统图
1—太阳能集热器；2—供热管道；3—散热设备
4—贮热器；5—辅助热源；6—风机或泵

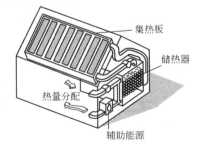
图 8-11　空气集热器传统形式

2. 集热屋面式

把集热器放在坡屋面、用混凝土地板作为蓄热体的系统，例如，日本的 OM 阳光体系住宅（图 8-12）。冬季，室外空气被屋檐下的通气槽引入，通过安装在屋顶上的玻璃集

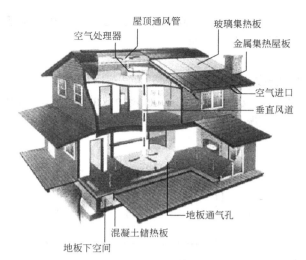

空气处理器
屋顶通风管
玻璃集热板
金属集热屋板
空气进口
垂直风道

地板通气孔
混凝土储热板
地板下空间

图 8-12 OM阳光体系住宅

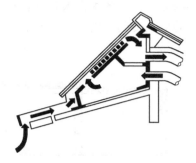

图 8-13 屋顶预热新风并加热室内空气

热板加热，上升到屋顶最高处，通过通气管和空气处理器进入垂直风道转入地下室，加热室内厚水泥地板，同时热空气从地板通风口流入室内（图 8-13）。

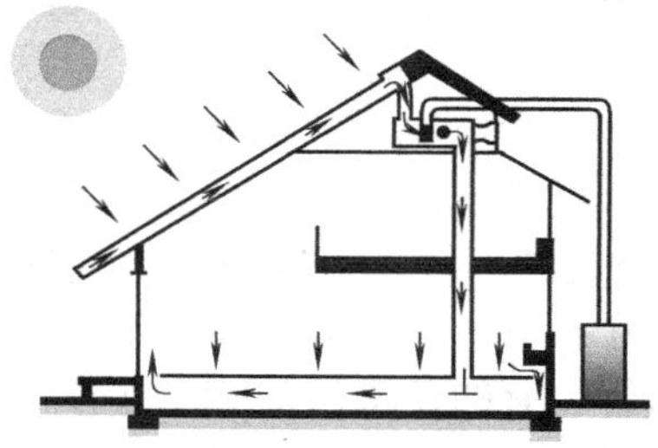

　　该系统也可在加热室外新鲜空气的同时加热室内冷空气（图 8-14），但是需要在室内上空设风机和风口，把空气吸入并送到屋面集热板下。夏季夜晚系统运行与冬季白天相同，但送入室内的是凉空气，起到降温作用。夏季白天集聚的热空气能够加热生活热水（图 8-15、图 8-16）。相对于被动式系统而言，主动式系统较为复杂，造价较高，多应用于大型公共建筑。

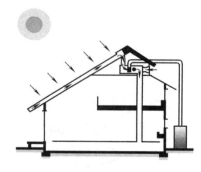

图 8-14 冬季白天工况
（加热室外空气送入室内）

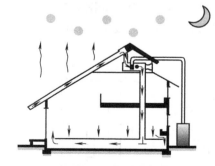

图 8-15 夏季白天工况
（热空气送入热水箱）

图 8-16 夏季夜晚工况
（室外凉空气送入室内）

第三节　节能建筑技术设计

一、墙体节能技术

　　根据地方气候特点及房间使用性质，外墙可以采用的保温构造方案是多种多样的，大致可分为以下几种类型：

（1）单设保温层（图 8-17）；

（2）封闭空气间层保温；

（3）保温与承重相结合（图 8-18）；

（4）混合型保温（图 8-19）。

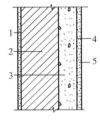

图 8-17　单设保温层
构造示例
1—外粉刷；2—砖砌体；
3—保温层；4—隔汽
层；5—内粉刷

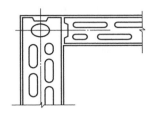

图 8-18　空心砖砌块保温
与承重结合构造

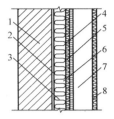

图 8-19　混合型保温构造示例
1—混凝土；2—胶粘剂；3—聚氨酯
泡沫塑料；4—木纤维板；5—塑料
薄膜；6—铝箔纸板；7—空气
间层；8—胶合板涂油漆

当采用单设保温层的复合墙体时，保温层的位置对结构及房间的使用质量，结构造价、施工，维持费用等各方面都有重大影响。对于建筑师来说，能否正确布置保温层，是检验其构造设计能力的重要标志之一。

保温层在承重层的室内侧，叫内保温，在室外侧，叫外保温；有时保温层可设置在两层密实结构层的中间，叫夹芯保温。过去，墙体多用内保温，屋顶则多用外保温。近年来，墙体采用外保温和夹芯保温的做法日渐增加。相对说来，外保温的优点多一些，主要有：

（1）使墙的主要部分受到保护，大大降低温度应力的起伏，提高结构的耐久性；结构所受温差作用大幅度下降，温度变形减小。

（2）外保温有利于保持结构及房间的热稳定性。由于承重层材料的热容量一般都远大于保温层，所以，当供热不均匀时，承重层蓄存的大量热量可保证围护结构内表面温度不致急剧下降，同理，承重层在夏季，也能起到调节室内温度的作用。但是，对于间歇使用的房间，如影剧院、体育馆、人工气候室等内保温则更为合理。这类房间在使用前临时供热，内保温能够防止承重层吸收大量热量，满足室温迅速上升到所需标准的要求。

（3）外保温对防止或减少保温层内部产生水蒸气凝结是十分有利的。

（4）外保温使热桥（thermalbridge）处的热损失减少，并能防止热桥内表面局部结露。

（5）对于旧房的节能改造，外保温处理的效果最好。首先，在基本不影响住户生活的情况下即可施工，其次，采用外保温不会占用室内的使用面积。

二、屋面节能技术

屋面的节能措施是多种多样的，它与建筑屋顶的构造形式和保温隔热材料性质有关。节能屋面形式通常有实体材料层节能屋面、通风保温隔热屋面、植被屋面和蓄水屋面等。在民用建筑中，实体材料层节能屋面应用较为广泛，概述如下：

实体材料层保温隔热屋面又可分为：一般保温隔热屋面和倒置式屋面。

1. 一般保温隔热屋面

实体材料层保温隔热屋面通常分为平屋顶和坡屋顶两种形式，由于平屋顶构造形式简单，所以是最为常用的一种屋面形式。为了提高屋面的保温隔热性能，设计上应遵循以下设计原则：

（1）为了提高材料层的热绝缘性，最好选用导热系数小，蓄热性好的材料，同时要考虑不宜选用密度较大的材料，防止屋面荷载过大。

（2）根据建筑物的使用要求，屋面的结构形式、环境气候条件、防水处理方法和施工条件等因素，经技术经济比较确定。

（3）屋面的保温隔热材料的确定，应根据节能建筑的热工要求确定保温隔热层厚度，同时还要注意材料层的排列，排列次序不同也影响屋面热工性能，应根据建筑的功能、地区气候条件进行热工设计。

（4）屋面保温隔热材料不宜选用吸水率较大的材料，以防止屋面湿作业时，保温隔热层大量吸水，降低热工性能。如果选用了吸水率较高的热绝缘材料，屋面上应设置排气孔以排除保温隔热材料层内不易排出的水分。

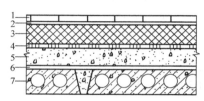

图 8-20　倒置式屋面
1—屋面板；2—水泥砂浆找平层；3—聚苯板保温材料；4—卷材防水层；5—水泥砂浆找平层；6—炉渣找坡；7—钢筋混凝土屋面板

2. 倒置式屋面

所谓倒置式屋面就是将传统屋面构造中保温隔热层与防水层"颠倒"，将保温隔热层设在防水层上面，故有"倒置"之称（图 8-20）。由于倒置式屋面为外隔热保温形式，外隔热保温材料层的热阻作用对室外综合温度波首先进行了衰减，使其后产生在屋面重实材料上的内部温度分布低于传统保温热屋顶内部温度分布，屋面所蓄有的热量始终低于传统屋面保温隔热方式，向室内散热也小，因此，是一种隔热保温效果更好的节能屋面构造形式。

倒置式屋面主要特点如下：

（1）可以有效延长防水层使用年限。"倒置式屋面"将保温层设在防水层之上，大大减弱了防水层受大气、温差及太阳光紫外线照射的影响，使防水层不易老化，因而能长期保持其柔软性、延伸性等性能，可有效延长使用年限。

（2）保护防水层免受外界损伤。由于保温材料组成不同厚度的缓冲层，使卷材防水层不易在施工中受外界机械损伤。同时又能衰减各种外界对屋面冲击产生的噪声。

（3）如果将保温材料做成放坡（一般不小于 2%），雨水可以自然排走，因此进入屋面体系的水和水蒸气不会在防水层上冻结，也不会长久凝聚在屋面内部，而能通过多孔材料蒸发掉。同时也避免了传统屋面防水层下面水汽凝结、蒸发、造成防水层鼓泡而被破坏的质量通病。

（4）施工简便，利于维修。倒置式屋面省去了传统屋面中的隔汽层及保温层上的找平层，施工简单，造价经济，易于维修。

综上所述，倒置式屋面具有良好的防水、保温隔热功能，特别是对防水层起到保护、延缓老化、延长使用年限的作用，同时还具有施工简便、速度快、耐久性好，可在冬期或雨期施工等优点。

三、门窗节能技术

（一）窗户的节能设计

玻璃窗不仅传热量大，而且由于其热阻远小于其他围护结构，造成冬季窗户表面温度过低，对靠近窗口的人体进行冷辐射，形成"辐射吹风感"，严重地影响室内热环境的舒适。就建筑设计而言，窗户的保温设计主要从以下几方面考虑：

1. 控制窗墙面积比

窗户（包括阳台门上部）既有引进太阳辐射热的有利方面，又有传热损失和冷风渗透损失都比较大的不利方面。就其总效果而言，窗户仍是保温能力最低的构件，通过窗户的热损失比例较大，因此我国建筑热工设计规范中，对开窗面积作了相应的规定。按我国设计规范要求，控制窗户的面积的指标是窗墙面积比，

即：窗墙面积比＝窗户洞口面积/外墙表面积（开间×层高）。

2. 提高气密性，减少冷风渗透

除少数空调建筑设置固定密闭窗外，一般窗户均有缝隙。特别是材质不佳，加工和安装质量不高时，缝隙更大。为加强窗户生产的质量管理，我国的有关标准规定，在窗两侧空气压差为 10Pa 的条件下，单位时间内每米缝长的空气渗透量 q_1 的允许标准如下：

在低层和多层建筑中应不大于 $4.0\text{m}^3/(\text{m}\cdot\text{h})$；

在中、高层建筑中应不大于 $2.5\text{m}^3/(\text{m}\cdot\text{h})$。

如果窗户本身的气密性达不到上述要求，则应采取密封措施，但在提高气密性的同时，不能盲目认为气密性程度越高越好，因过分气密对人的健康不利，同时也会妨碍室内空气中的水汽向室外的渗透和扩散，从而使房间湿度增高。

3. 提高窗户的保温能力

（1）改善窗框保温性能

过去绝大部分窗框是木制的，保温性能比较好。但由于种种原因，金属窗框越来越多。由于这些窗框传热系数很大，故其热损失在窗总热损失中所占比例较大，应采取保温措施。如：将薄壁实腹型材改为空心型材，内部形成封闭空气层，提高保温能力；开发塑料构件，已获得良好保温效果；各种材料窗框与墙之间的缝隙，用保温砂浆、泡沫塑料等填充密封。

（2）改善窗玻璃部分的保温能力

单层窗的热阻很小，仅适用于较温暖地区。在严寒及寒冷地区，应采用双层甚至三层窗，这不仅是室内正常气候条件所必需，也是节约能源的重要措施。此种双层窗或三层窗，是指窗口有两层或三层窗扇，而每一窗扇仅有单层玻璃。

此外，近年来国内外使用单层窗扇上安装双层玻璃，中间形成良好密封空气层的新型窗户的建筑日益增多。为了与传统的"双层窗"相区别，我们称这种窗为"双玻璃窗"。双玻璃窗的空气间层厚度以 2～3cm 为最好，此时传热系数较小。当厚度小于 1cm 时，传热系数迅速变得很大；大于 3cm 时，则造价提高，而保温能力并不能提高很多。

有的建筑为提高窗户的保温能力，用空心玻璃砖代替普通平板玻璃。最后还应指出，当采用普通双层窗时，内层应尽可能做得严密一些，而外层的窗扇与窗框之间，则不宜过

分严密。这是因为冬季水蒸气总是通过缝隙，由室内向室外扩散的。如果内层不严而外层严，则水蒸气进入双层窗之间的空气层后，就会排不出去，从而在外层窗玻璃内表面上，大量结露结霜，其后果是严重降低天然采光效果。这种实例，在哈尔滨、乌鲁木齐等地很多。

（3）合理选择窗户类型

窗户保温性能低的原因，主要是缝隙空气渗透和玻璃、窗框和窗樘等的热阻太小。表8-1是目前我国大量性建筑中常用的各类窗户的传热系数 K 值。

不同窗户的传热系数 　　　　　　　　　　　　　表 8-1

窗框材料	窗户类型	空气层厚度(mm)	玻璃厚度(mm)	传热系[W/m²·K]
钢、铝	单框单玻	—	6	6.4
	单框 Low-E 单波		6	5.8
	单框中空	6	6	4.3
		9	6	4.1
		12	6	3.9
		16	6	3.7
	双层窗	100～140	6	3.5
	单框中空断热桥	6	6	3.3
		12	6	3.0
	单框中空 Low-E 中空断热桥	12	6	2.6
	断热桥 Low-E 中空充惰性气体	9～12	6	2.2
塑料、木	单框单玻	—	6	4.7
	单框 Low-E 单玻		6	4.1
	单框中空	6	6	3.4
		9	6	3.2
		12	6	3.0
		16	6	2.8
	双层窗	100～140	6	2.5
	单框 Low-E 中空	9～12	6	2.2
	单框 Low-E 中空充惰性气体	9～12	6	1.7

注：表中窗户包括一般窗户、天窗和阳台门上部带玻璃部分。

由表可见，单层窗的 K 值在 $4.7～6.4W/(m^2·K)$ 范围，约为 1 砖墙 K 值的 2～3 倍，也就是其单位面积的传热损失约为 1 砖墙的 2～3 倍。即便是单框双玻窗、双层窗，其传热系数也远远大于普通实心 1 砖墙的传热系数。窗的传热系数直接关系到建筑能耗的大小，为此，建筑节能设计标准中对各地区的窗户传热系数均做了规定，设计中可参照该标准合理地选择窗户类型。

（二）外门的节能设计

这里的外门包括户门（不采暖楼梯间）、单元门（采暖楼梯间）、阳台门下部以及与室外空气直接接触的其他各式各样的门。门的热阻一般比窗户的热阻大，而比外墙和屋顶的热阻小，因而也是建筑外围护结构保温的薄弱环节，表8-2是几种常见门的传热阻和传热系数。

从表8-2看出，不同种类门的传热系数值相差很大，铝合金门的传热系数要比保温门大2.5倍，在建筑设计中，应当尽可能选择保温性能好的保温门。

外门的另一个重要特征是空气渗透耗热量特别大。与窗户不同的是，门的开启频率要高得多，这使得门缝的空气渗透程度要比窗户缝大很多，特别是容易变形的木制门和钢制门。因此，在门的选择上应尽量选用经过处理的不易变形的木制门或塑料门。

几种常见门的传热阻和传热系数　　　　　　　　　表8-2

序　号	名　　称	传热阻[(m²·K)/W]	传热系数[W/(m²·K)]	备　　注
1	木夹板门	0.37	2.7	双面三夹板
2	金属阳台门	0.156	6.4	
3	铝合金玻璃门	0.164～0.156	6.1～6.4	3～7mm 厚玻璃
4	不锈钢玻璃门	0.161～0.150	6.2～6.5	5～11mm 厚玻璃
5	保温门	0.59	1.70	内夹 30mm 厚轻质保温材料
6	加强保温门	0.77	1.30	内夹 40mm 厚轻质保温材料

附录一　某集体宿舍楼施工图

建筑施工图见附图 1（见插页）。
水暖施工图见附图 2。
电气施工图见附图 3。

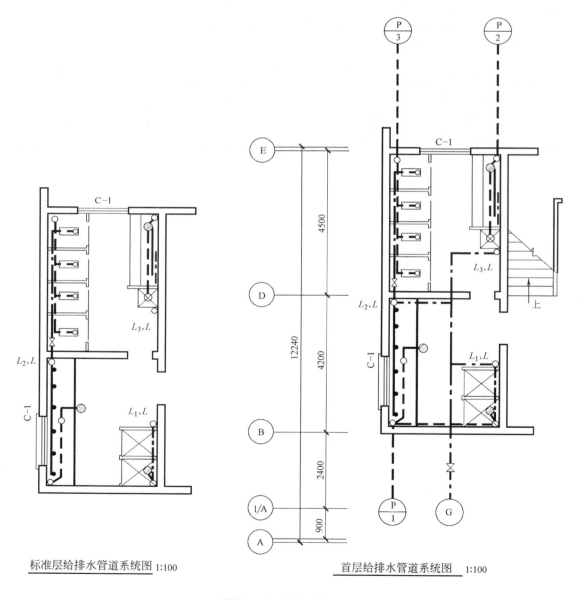

标准层给排水管道系统图 1:100　　　　首层给排水管道系统图　1:100

附图 2　水暖施工图（一）

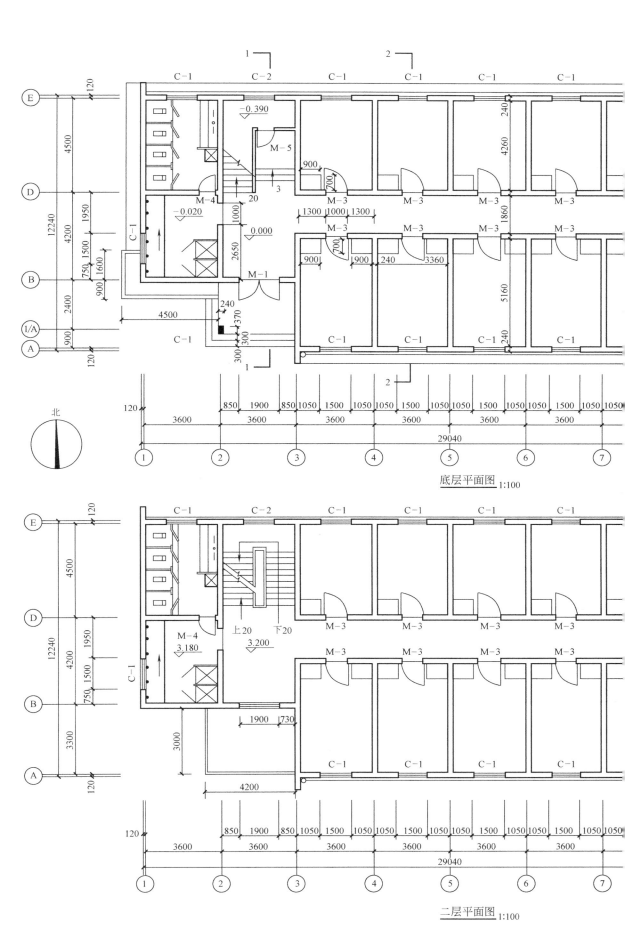

北

底层平面图 1:100

二层平面图 1:100

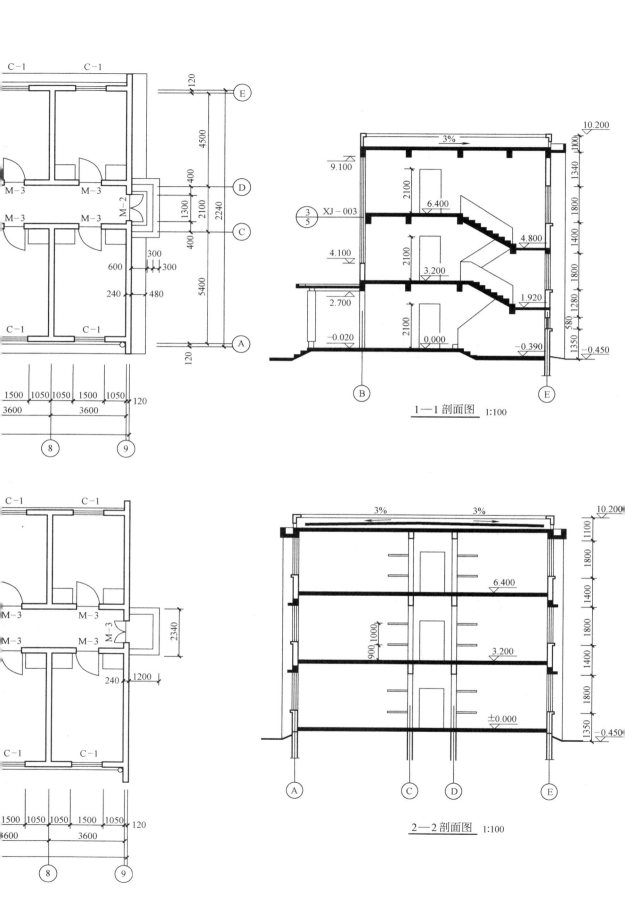

1—1 剖面图 1:100

2—2 剖面图 1:100

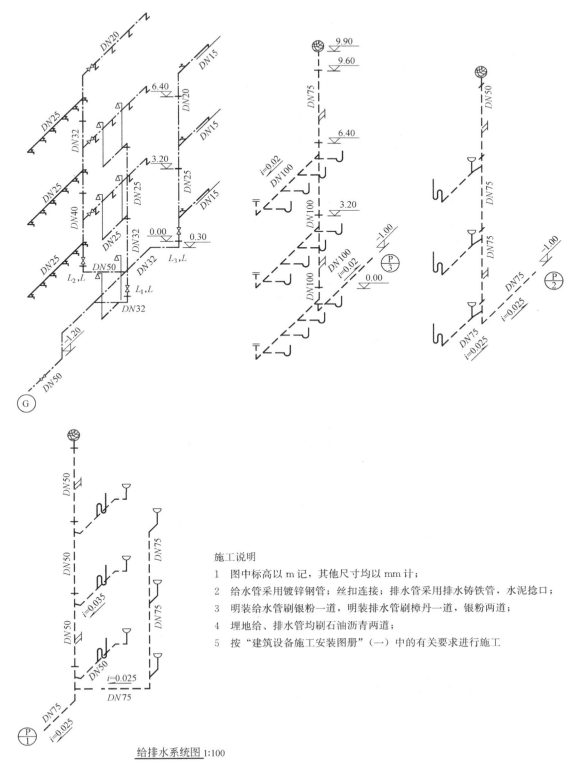

施工说明

1 图中标高以 m 记，其他尺寸均以 mm 计；

2 给水管采用镀锌钢管；丝扣连接；排水管采用排水铸铁管，水泥捻口；

3 明装给水管刷银粉一道，明装排水管刷樟丹一道，银粉两道；

4 埋地给、排水管均刷石油沥青两道；

5 按"建筑设备施工安装图册"（一）中的有关要求进行施工

给排水系统图 1:100

附图 2 水暖施工图（二）

193

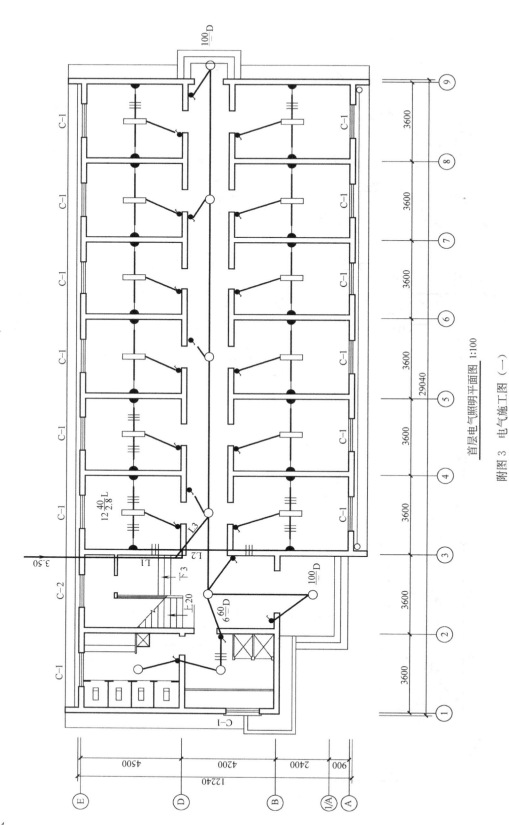

首层电气照明平面图 1:100

附图 3 电气施工图 (一)

194

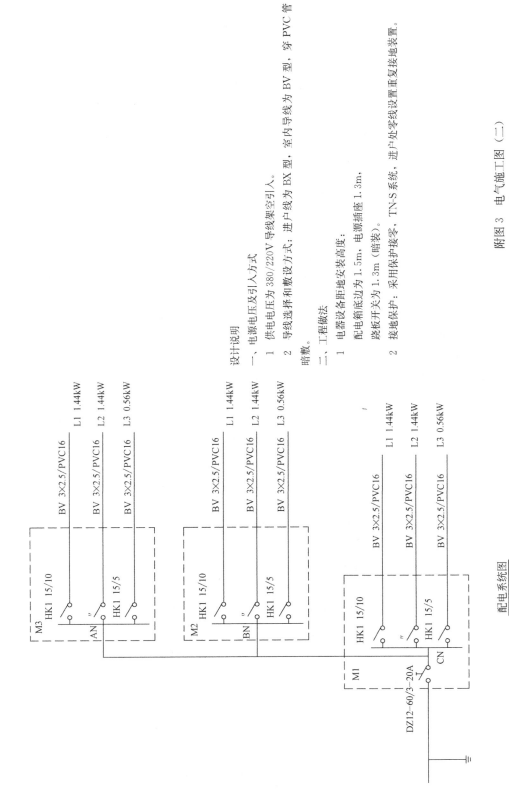

设计说明

一、电源电压及引入方式

　　1　供电电压为 380/220V 导线架空引入。

　　2　导线选择和敷设方式：进户线为 BX 型，室内导线为 BV 型，穿 PVC 管暗敷。

二、工程做法

　　1　电器设备距地安装高度：

　　　　配电箱底边为 1.5m，电源插座 1.3m，

　　　　跷板开关为 1.3m（暗装）。

　　2　接地保护：采用保护接零，TN-S 系统，进户处零线设置重复接地装置。

配电系统图

附图 3　电气施工图（二）

195

附录二　节能建筑工程实例

2004 年落成并投入使用的山东建筑大学学生公寓，采用了多种节能和太阳能技术，并于 2005 年获建设部太阳能科技示范工程称号，现介绍如下：

一、工程概况

山东建筑工程学院新校区生态节能学生公寓"梅园"一号是该校的重点节能生态示范工程。由加拿大政府提供资助，加拿大国际可持续发展中心与山东建筑工程学院合作设计的。该项目自 2002 年开始筹划，2003 年 10 月开始动工，并于 2004 年 9 月竣工交付使用。

该示范项目采取了整个学生公寓的一部分作为示范，整个学生公寓建筑面积 1.1 万 m²，占地面积 1850m²；试点部分建筑面积 2300m²，占地面积 385m²，建筑高度 21m，结构形式为砖混结构，总投资约为 360 万元人民币，现作为研究生宿舍正在使用中。

二、设计思路

在平面设计上，相对于其他普通公寓，生态公寓作了部分调整。普通公寓的南北向房间的卫生间都位于外侧的阳台上，阳台封闭。而生态单元中，南向房间的卫生间布置于靠走廊的内侧，于是南向外墙可以开大窗，冬季室内能够接受到足够的太阳辐射热。北向房间的卫生间仍布置于房间北侧，作为温度阻尼区，阻挡冬季北风的侵袭，有利于房间保温。走廊西墙外侧设置一个变截面的钢结构通风道，风道通过走廊西端的多扇下悬窗户与

附图 4　太阳能节能与生态技术综合应用示范工程
山东建筑大学梅园一号学生公寓

室内连接，利用热压原理加强自然通风。

建筑采用砖混结构，使用了黄河淤泥多孔砖，外墙外保温，门窗使用塑钢材料。

三、科技含量

根据气候特点，"梅园"一号学生公寓设计包括了太阳墙采暖体系、太阳能烟囱通风体系、太阳能热水体系、太阳能光电转换体系、地板低温辐射采暖体系、外墙保温体系、热能自动控制体系、室内新风换气体系、夏季遮阳体系、中水体系、楼宇自动化控制体系、环保建材体系等多种生态建筑设计理念与措施。经计算，该项目节能已达到75%，大大高于国家节能50%的要求。具有成熟的节能技术以及良好的环境品质，在节约能源、提高舒适度等方面都远远胜过传统的集体宿舍。

（一）建筑节能体系

构造方面，南外墙采用370mm多孔黏土砖＋20mmWE水泥珍珠岩保温砂浆，传热系数0.868W/m² · K；西向、北向外墙的保温使用的是欧文斯科宁挤出式聚苯乙烯墙体

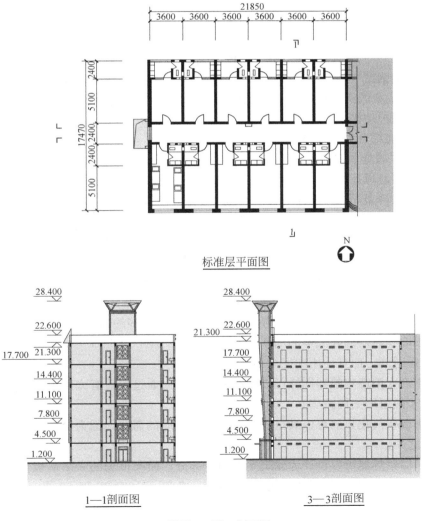

标准层平面图

1—1剖面图　　　　　3—3剖面图

附图5　平、剖面图

（XPS，又称挤塑板，$K=0.028W/m^2 \cdot K$），在 370mm 多孔黏土砖基础上粘接 30mm 挤塑板，外面再做 2.5mm 玻璃丝网布加丙烯酸涂料外保护层，并对外窗周边和底层等薄弱区域采取局部加强措施，使传热系数降至 $0.413W/m^2 \cdot K$。另外，部分南向外墙由于安装了太阳墙板，墙板与墙体之间形成了空气间层（220mm）。白天，间层内空气受到太阳墙板的加热，温度高于室温，这部分墙体并不向外传热，甚至由外向内传热；夜间，空气间层又有效地减少了散热损失，使得这部分墙体（约占南向外墙的 40%）的传热损失大大减少，另外为了保持太阳墙空气间层中的空气温度，这部分墙体做了 25mm 厚挤塑板外保温，K 值≤$0.508W/m^2 \cdot K$。

屋顶在 80mm 厚现浇钢筋混凝土板上敷设了 50mm 厚聚苯乙烯泡沫板（$K=0.044W/m^2 \cdot K$），找坡层使用 1：6 水泥膨胀珍珠岩（$K=0.18W/m^2 \cdot K$），使屋顶 K 值降至 $0.455W/m^2 \cdot K$，有效减少了屋顶传热损失。

另外，楼梯间墙也增加了 40mm 厚的憎水树脂膨胀珍珠岩（$K=0.068W/m^2 \cdot K$），减少了楼梯间的传热损失。

窗的选择：整个工程全部采用节能窗，为了对比不同类型的窗对室内热环境和热舒适度的影响，不同楼层采用不同的窗。一层、六层为普通双层中空玻璃塑钢窗（5＋9＋5，$K=2.6$），二层、三层为高级双层中空玻璃塑钢窗（5＋9＋5，$K=2.4$），四层为 Low-E 镀膜中空玻璃塑钢窗（5＋9＋5，$K=2.0$）。所有窗户都具有良好的绝热性能，尤其是四层的 Low-E 中空玻璃窗，在具备低 K 值的同时可有效降低室内对室外的辐射热损失，使窗户不再成为围护结构的薄弱环节。

（二）太阳能综合利用体系

1. 太阳墙采暖通风系统

太阳能采暖通风技术是近年来国内外研究的热门课题。通过利用太阳能可以有效减少冬季采暖能耗，降低环境污染，实现能源利用的可持续发展。太阳墙系统（Solar Wall System）具有效率高、与建筑立面结合较好、能够给房间提供充足新风等优点，可广泛应用于房间采暖、通风预热、工厂制热、农业烘干和除冰等方面。

（1）主要特点

天气晴朗时，太阳墙系统可以将空气由 17℃预热至 30℃（30°F～54°F）。即使在阴天，系统也可以发挥作用，因为可以吸收占全年太阳辐射 25%的漫射辐射。冬季下雪时，覆盖在地面上的雪可以反射太阳辐射从而使集热器获得更多的辐射热量。

1）太阳墙集热器回收成本的周期在旧建筑改造工程中为 6～7 年，而在新建建筑中仅为 3 年或更短时间，而且使用中完全不需要维护。

2）在夜晚太阳墙集热器同样可以辅助采暖，因为通过覆盖有太阳墙板的建筑外墙的热量损失由于热阻增大而减少。

3）太阳墙空气集热器可以满足提高室内空气品质的需要，因为全新风是太阳墙系统的主要优势之一。

4）太阳墙集热器可以设计为建筑立面的一部分；面向市场的太阳墙板使用漂亮的金属板材而且可以选择多种颜色来美化建筑外观。

5）在夏季，太阳墙系统通过温度传感器控制，将深夜冷风送入房间的冷量储存起来，有效降低白天室内温度。

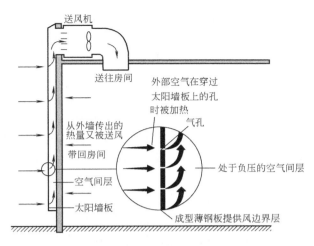

附图6　太阳墙原理示意图

（2）工作原理

太阳墙系统是一种新型的以空气为介质的太阳墙采暖新风系统，由集热器、供热管道和风机组成，把房间作为储热器。太阳墙原理如图所示：冲压成型的太阳墙板在太阳辐射作用下升到较高温度，同时太阳墙板与墙体之间的空气间层在风机作用下形成负压，室外冷空气在负压作用下通过太阳墙板上的气孔（确切地说是孔缝）进入空气间层，同时被加热，在上升过程中再不断被太阳墙板加热，到达太阳墙顶部的热空气被风机通过管道系统送至房间。每 m² 每小时可以处理新风 35m³。与传统意义上的集热蓄热墙等方式不同的是，太阳墙对空气的加热主要是在空气通过墙板表面的孔缝的时候，而不是空气在间层中上升的阶段。太阳墙板外表面为深色（吸收太阳辐射热），内表面为浅色（减少热损失）。在冬季天气晴朗时，太阳墙可以把空气温度提高 30℃ 左右。在大多数时候以及阴天夜晚，还是需要与其他采暖系统配合以达到比较好的效果。

送风量与对应的空气间层厚度、得热量等参数的关系，由多次实验得出的经验公式确定，该公式被加拿大自然资源部编入可再生能源分析软件中，可以方便地通过软件进行设计计算。

太阳墙系统除了冬季提供采暖，夏季还可以将夜间的凉空气引入室内置换掉室内的热空气，一方面起到夏季夜间室内降温作用，同时也可以节省白天空调能耗。

控制方面：只依靠太阳墙系统采暖的建筑，在太阳墙顶部和典型房间各装一个温度传感器。冬季工况以太阳墙顶部传感器的设定温度为风机启动温度（即设定送风温度），房间设定温度为风机关闭温度（即设定室温），当太阳墙内空气温度达到设定温度，风机启动向室内送风；当室内温度达到设定室内温度后或者太阳墙内空气温度低于设定送风温度时风机关闭停止送风，当室内温度低于设定室温送风温度高于设定送风温度时风机启动继续送风。夏季工况，当太阳墙中的空气温度低于传感器设定温度时，风机启动向室内送风；室温低于设定室温或室外温度高于设定送风温度时风机停止工作，当室温高于设定室温同时室外温度低于太阳墙顶部传感器设定温度时风机启动继续送风。

"梅园"一号太阳墙系统使用情况：

山东建筑工程学院"梅园"一号学生公寓在南立面窗间墙及檐口部位使用了 143m²

的太阳墙，提供 5800m³/h 的送风量，为北向 36 个房间送风。按每年使用 8 个月计算，每年可产生 212GJ 的热量。最高送风温度可到 34℃，平均送风温度升高 7.9℃。热量不足的部分由常规采暖系统补充。是我国首个太阳墙工程。

2. 太阳能热水系统

在"梅园"一号采用了集中式太阳能热水系统。该系统为自然循环系统，由集热器、蓄水箱和循环管组成。主要依靠集热器与蓄水箱中的水温不同产生的密度差进行温差循环，另设循环泵定时强制循环一小段时间。水箱中的水经过集热器被不断加热，再通过连接在蓄水箱上的管路送至各房间。集热器总集热面积 72m²，每日提供 9t 热水。

3. 太阳能烟囱通风系统

通风降温是近年来随着能源危机和人们对过度使用空调的反思发展起来的一项新技术，通过适当的通风设计、气流组织，在增加很少土建或安装成本的情况下可以有效地降低室温、提高房间舒适度，同时大幅减少空调运行费用，降低用电负荷。"梅园"一号中充分利用了通风降温，旨在改善学生公寓春夏季炎热难耐的现状。

气流组织方面，"梅园"一号通过大面积平开窗引入气流，再通过门上方的通风窗将

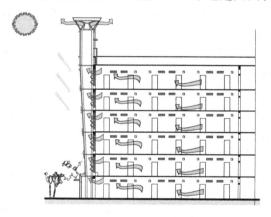

附图 7　太阳能烟囱通风示意图

气流导入走廊，再经走廊，从走廊尽头的 2100×2400mm 的大窗把携带了室内热量的气流排出室外。气流动力方面，自然通风可以利用的自然资源有风力、昼夜温差、烟囱效应、太阳能、地温等，"梅园"一号通过一个太阳能烟囱充分利用太阳能和风力强化烟囱效应，为自然通风提供了动力保证（如附图 7 所示）。太阳能烟囱位于"梅园"一号西墙中部，与走廊通过窗户连接；烟囱外壁开大窗，内部设有框架，上面挂有涂黑的金属板，阳光通过外壁的窗户照射到内部的黑色金属板上，金属板吸热，加热烟囱中的空气从而加大热压，同时烟囱顶部由于外部风速较大使烟囱效应大大强化，以保证房间一定的气流速度。太阳能烟囱高出屋面 5500mm 以保证足够的压力。冬季只需把走廊里的窗户关闭即可，不会因烟囱效应使冷风渗透增大。太阳能烟囱侧面开窗，为走廊提供采光，另外顶部设有铁丝网，防止鸟飞入。

4. 夏季遮阳装置

南向房间为了冬季尽可能多的引入太阳能，使用了较大的外窗。为了减少由大面积南窗对夏季室内冷负荷的影响，1～5 层南窗上都根据济南的太阳高度角做了出挑 500mm 的遮阳（6 层有太阳墙檐口兼做遮阳）。这样既可以防止夏季正午强烈的阳光直射入室内，又不会影响冬季太阳能的引入。

5. 太阳能光伏发电系统

"梅园"一号采用了高效精确追踪式太阳能光伏发电系统，精确地跟踪太阳运动，使光伏电池板始终垂直于太阳光线，效率比固定式光伏系统要高近一倍。在同样的用电需求时，光伏电池板的用量可减少 1/2，使光伏发电系统成本降低 1/3。"梅园"一号所采用的

HS-15KWH 型精确跟踪光伏发电系统，采用东西水平和上下垂直方向、双轴自动跟踪系统，以带动光伏电池板阵列精确跟踪太阳运动，使光伏电池板保持与太阳光线垂直，最大限度地接受太阳辐射能量，大大提高太阳能光伏发电系统的效率。

"梅园"一号所装的光伏发电系统装机容量 1500W，晴好天气每天可以发约 15 度电。这部分电储存在电池组中用于楼内公共照明及广场庭院灯用电。

附图 8　太阳能光伏发电示意图

主 要 参 考 文 献

[1] 霍加禄主编. 建筑概论. 北京：中国建筑工业出版社，1994.
[2] 杨永祥，赵素芳主编. 建筑概论. 北京：中国建筑工业出版社，1994.
[3] 建筑工程概论编写组编. 建筑工程概论. 北京：中国财政经济出版社，1987.
[4] 同济大学建筑制图教研室编. 建筑工程制图. 上海：同济大学出版社，1995.
[5] 清华大学建筑系制图组编. 建筑制图与识图. 北京：中国建筑工业出版社，1995.
[6] 傅信祁，广士奎主编. 房屋建筑学. 第二版. 北京：中国建筑工业出版社，1994.
[7] 刘建荣主编. 房屋建筑学. 武汉：武汉大学出版社，1991.
[8] 刘建荣，龙世潜主编. 房屋建筑学. 北京：中央广播电视大学出版社，1985.
[9] 郑忱主编. 房屋建筑学. 北京：中央广播电视大学出版社，1994.
[10] 武克基，广士奎编. 房屋建筑学. 西宁：宁夏人民出版社，1986.
[11] 黄金凯，杨伯明主编. 房屋建筑学. 北京：冶金工业出版社，1987.
[12] 叶佐豪编著. 房屋建筑学. 上海：同济大学出版社，1991.
[13] 林恩生主编. 房屋建筑学（上、下）. 北京：中国建筑工业出版社，1995.
[14] 哈尔滨建筑工程学院建筑教研室编. 民用建筑构造. 哈尔滨：哈尔滨建筑工程学院出版社，1973.
[15] 南京工学院建筑系建筑构造编写组. 建筑构造（第一，二册）. 北京：中国建筑工业出版社，1985.
[16] 中国建筑工业出版社. 现行建筑设计规范大全（缩印本）. 北京：中国建筑工业出版社，1994.
[17] 本书编委会编. 建筑设计资料集（1～6）. 北京：中国建筑工业出版社，1994.
[18] 陈保胜主编. 建筑构造资料集（上，下）. 北京：中国建筑工业出版社，1994.
[19] 建筑结构构造资料集编委会编. 建筑结构构造资料集（上、下）. 北京：中国建筑工业出版社，1994.
[20] 周文正等著. 建筑饰面. 北京：中国建筑工业出版社，1983.
[21] 房志勇，林川编著. 建筑装饰. 北京：中国建筑工业出版社，1993.
[22] 姚自君，徐淑常，王玉生主编. 建筑新技术·新构造·新材料. 北京：中国建筑工业出版社，1993.
[23] 田学哲主编. 建筑初步. 北京：中国建筑工业出版社，1994.
[24] 彭一刚著. 建筑空间组合论. 北京：中国建筑工业出版社，1980.
[25] 陕西省建筑设计院编. 城市住宅建筑设计. 北京：中国建筑工业出版社，1989.
[26] 湖南大学陈文琪，杨新民，龙韬. 房屋建筑构造设计. 北京：中国建筑工业出版社，1985.
[27] 袁齐家编著. 房屋建筑设计与建筑技术. 北京：中国建筑工业出版社，1991.
[28] 张宁尧，闵玉林主编. 中小学校建筑设计. 北京：中国建筑工业出版社，1991.
[29] 耿善正编. 工业建筑设计原理. 哈尔滨：黑龙江科学技术出版社，1987.
[30] 刘鸿滨编. 工业建筑设计原理. 北京：清华大学出版社，1987.
[31] 全国通用工业厂房建筑配件标准图集.
[32] 单层厂房建筑设计教材编写组. 单层厂房建筑设计. 北京：中国建筑工业出版社，1980.
[33] 北京建筑设计院编. 建筑构造图集（Ⅰ）. 北京：中国建筑工业出版社，1989.
[34] 陈功源等主编. 多层工业厂房设计. 北京：中国建筑工业出版社，1993.
[35] 谢兆鉴等编. 建筑结构选型. 广州：华南工学院出版社，1985.
[36] 清华大学土建设计研究院编. 建筑结构型式概论. 北京：清华大学出版社，1982.
[37] 刘大海，杨翠如，钟锡根编著. 高层建筑抗震设计. 北京：中国建筑工业出版社，1993.
[38] 崔鸿超，周文英主编. 高层建筑结构设计实例集. 北京：中国建筑工业出版社，1993.
[39] 赵西安编著. 钢筋混凝土高层建筑结构设计. 北京：中国建筑工业出版社，1992.

[40] 章孝思著. 高层建筑防火. 中国建筑工业出版社，1989.

[41] 同济大学建筑设计研究院吴景祥主编. 高层建筑设计. 北京：中国建筑工业出版社，1987.

[42] 杨善勤编. 民用建筑节能设计手册. 北京：中国建筑工业出版社，2000.

[43] 宋德莹编. 节能建筑设计与技术. 北京：中国建筑工业出版社，2002.

[44] 赵希正编. 中国电力负荷特性分析与预测. 北京：中国电力出版社，2002.

[45] 刘加平编. 建筑物理. 北京：中国建筑工业出版社，2004.

[46] 杨善勤编. 民用建筑节能设计手册. 北京：中国建筑工业出版社，2000.

[47] 宋德萱编. 节能建筑设计与技术. 上海：同济大学出版社，2003.

[48] 付祥钊编. 夏热冬冷地区建筑节能技术. 北京：中国建筑工业出版社，2002.

[49] 何文晶硕士论文. 太阳能采暖通风技术在节能建筑中的研究与实践. 2005.